四川建筑职业技术学院
国家示范性高职院校建设项目成果

工程结算谈判

（工程造价专业）

袁　鹰　主编
袁建新　主审

中国建筑工业出版社

图书在版编目(CIP)数据

工程结算谈判/袁鹰主编. —北京：中国建筑工业出版社，2010（2023.3重印）

（四川建筑职业技术学院国家示范性高职院校建设项目成果. 工程造价专业）

ISBN 978-7-112-11858-8

Ⅰ. 工… Ⅱ. 袁… Ⅲ. 建筑经济定额—高等学校：技术学校—教材 Ⅳ. TU723.3

中国版本图书馆 CIP 数据核字（2010）第 031888 号

本教材共分为五章，从谈判前应具备的知识和技能入手，结合工程的特点和要求，分别介绍了工程在各个阶段的谈判内容、特点和应对方式，各章的知识点的构成是根据完成具体的工作任务的要求而构建的。

第 1 章工程结算谈判基础知识的准备，其工作任务为：根据案例计算工程价款的结算金额；工程结算谈判需要具备哪些基础知识。

第 2 章拟订谈判方案，其工作任务为：根据案例拟定谈判方案，根据案例进行模拟谈判。

第 3 章工程实施过程中的结算谈判，其工作任务为：根据案例分析工程实施中经常发生的谈判事项，并明确这些谈判事项产生的原因和责任。

第 4 章工程索赔谈判，其工作任务为：根据案例分析在怎样的情况下要进行索赔，索赔成立的条件是什么，怎样计算工期和费用索赔，如何应用谈判技巧处理索赔事项。

第 5 章工程竣工阶段的结算谈判，其工作任务为：根据案例学习分析在工程竣工阶段引起竣工结算争端的事项和原因，运用专业知识和谈判技巧，找到解决问题的办法。

* * *

责任编辑：朱首明　张　晶

责任设计：张　虹

责任校对：兰曼利　赵　颖

四川建筑职业技术学院

国家示范性高职院校建设项目成果

工程结算谈判

（工程造价专业）

袁　鹰　主编

袁建新　主审

*

中国建筑工业出版社出版、发行（北京西郊百万庄）

各地新华书店、建筑书店经销

北京红光制版公司制版

北京建筑工业印刷厂印刷

*

开本：787×1092 毫米　1/16　印张：7　字数：176 千字

2010 年 7 月第一版　2023 年 3 月第七次印刷

定价：**20.00** 元

ISBN 978-7-112-11858-8

（33497）

序

2006 年以来，高职教育随着"国家示范性高职院校建设计划"的启动进入了一个新的历史发展时期。在示范性高职建设中教材建设是一个重要的环节，教材是体现教学内容和教学方法的知识载体，既是进行教学的具体工具，也是深化教育教学改革、全面推进素质教育、培养创新人才的重要保证。

四川建筑职业技术学院 2007 年被教育部、财政部列为国家示范性高等职业院校立项建设单位，经过 2 年的建设与发展，根据建筑技术领域和职业岗位（群）的任职要求，参照建筑行业职业资格标准，重构基于施工（工作）过程的课程体系和教学内容，推行"行动导向"教学模式，实现课程体系、教学内容和教学方法的革命性变革，实现课程体系与教学内容改革和人才培养模式的高度匹配。组编了建筑工程技术、工程造价、道路与桥梁工程、建筑装饰工程技术、建筑设备工程技术五个国家示范院校立项建设重点专业系列教材。该系列教材有以下几个特点：

——专业教学中有机融入《四川省建筑工程施工工艺标准》，实现教学内容与行业核心技术标准的同步。

——完善"双证书"制度，实现教学内容与职业标准的一致性。

——吸纳企业专家参与教材编写，将企业培训理念、企业文化、职业情境和"四新"知识直接融入教材，实现教材内容与生产实际的"无缝对接"，形成校企合作、工学结合的教材开发模式。

——按照国家精品课程的标准，采用校企合作、工学结合的课程建设模式，建成一批工学结合紧密，教学内容、教学模式、教学手段先进，教学资源丰富的专业核心课程。

本系列教材凝聚了四川建筑职业技术学院广大教师和许多企业专家的心血，体现了现代高职教育的内涵，是四川建筑职业技术学院国家示范院校建设的重要成果，必将对推进我国建筑类高等职业教育产生深远影响。但加强专业内涵建设、提高教学质量是一个永恒主题。教学建设和改革是一个与时俱进的过程，教材建设也是一个吐故纳新的过程。衷心希望各用书学校及时反馈教材使用信息，提出宝贵意见，为本套教材的长远建设、修订完善做好充分准备。

衷心祝愿我国的高职教育事业欣欣向荣，蒸蒸日上。

四川建筑职业技术学院院长：李辉
2009 年 1 月 4 日

前　言

工程结算谈判是工程造价专业的必修课程，该课程重在对本专业学生综合能力的培养，使学生的工程造价知识、工程管理知识、谈判知识在本课程的学习过程中融会贯通，综合应用于解决实际工作中的结算谈判问题。

本课程以案例教学为主，以帮助和指导学生完成工作任务为具体的教学目标，注重知识在真实工作场景中的综合应用。

本书由四川建筑职业技术学院袁鹰主编，四川建筑职业技术学院袁建新主审，四川恒鑫工程造价咨询公司造价工程师樊敏、四川建筑职业技术学院杨创奇参加了编写。其中第1章由袁鹰编写，第2章由樊敏编写，第3章、第4章、第5章由袁鹰、杨创奇共同编写。

由于作者水平有限，书中难免出现不妥之处，敬请广大读者批评指正。

目录
CONTENTS

1　工程结算谈判基础知识的准备 ………………………………… 1

　1.1　工程价款结算 ………………………………………………… 1

　1.2　工程结算谈判 ………………………………………………… 9

　1.3　谈判的准备工作 ……………………………………………… 11

　复习思考题 ………………………………………………………… 18

2　拟订谈判方案 …………………………………………………… 21

　2.1　制定谈判方案的要求 ………………………………………… 21

　2.2　谈判方案的拟订 ……………………………………………… 22

　复习思考题 ………………………………………………………… 33

3　工程实施过程中的结算谈判 …………………………………… 35

　3.1　建立有利于谈判的环境和氛围 ……………………………… 35

　3.2　工程实施过程中经常发生的谈判事项 ……………………… 38

　3.3　在谈判中责任不易明确的事项 ……………………………… 51

　3.4　《工程量清单计价规范》(08 版)对工程价款调整的有关规定 …… 53

　复习思考题 ………………………………………………………… 55

4　工程索赔谈判 …………………………………………………… 58

　4.1　工程索赔的含义 ……………………………………………… 58

　4.2　工程索赔的分类 ……………………………………………… 59

　4.3　引起索赔的事件及有关合同条款 …………………………… 61

　4.4　索赔程序 ……………………………………………………… 64

　4.5　索赔的主要依据 ……………………………………………… 67

　4.6　索赔的计算 …………………………………………………… 71

　4.7　索赔报告的内容 ……………………………………………… 79

　4.8　索赔谈判及其策略技巧 ……………………………………… 80

　复习思考题 ………………………………………………………… 85

5　工程竣工阶段的结算谈判 ……………………………………… 90

5.1　工程竣工结算的含义及有关规定 ·················· 90

5.2　竣工结算中引起争端的原因分析 ·················· 94

5.3　竣工结算争端的解决方式 ·················· 97

5.4　合同文本对竣工结算款的有关规定对比 ·················· 101

复习思考题 ·················· 102

参考文献 ·················· 106

工程结算谈判基础知识的准备

关键知识点：工程价款结算的含义、工程价款结算的主要方式、工程价款包含的内容、工程价款调整方法、工程造价相关政策与事件、工程结算谈判的含义、特点、基本阶段、谈判的准备工作（信息的收集及分析、谈判思维的准备及训练、谈判中的心理战等）。

主要技能：会计算工程价款的结算金额；能够进行谈判的准备工作。

教学建议：通过提问、讨论、课堂练习等教学方法，促进学生对已学相应知识的回顾和复习；新知识的学习可以采用教师提出一系列问题，由学生课后查阅相关资料然后在课堂上请学生上台讲解的方法，培养学生的主动学习能力和语言组织表达能力，提高学生学习兴趣和对所学知识的深刻掌握；本章知识点较多，教师在本章中所讲授的知识只是根据学生在讲解过程中反映出来的问题进行有针对性的讲授。

1.1　工程价款结算

根据财政部、建设部《建设工程价款结算暂行办法》的规定，所谓工程价款结算是指对建设工程的发包承包合同价款进行约定和依据合同约定进行工程预付款、工程进度款、工程竣工价款结算的活动。工程价款结算应按合同约定办理，合同未作约定或约定不明的，发、承包双方应依据下列规定与文件协商处理。工程价款结算是指承包人在工程实施过程中，依据承包合同中关于付款条款的规定和已完的工程量，并按照规定的程序向建设单位（发包人）收取工程价款的一项经济活动。

1.1.1　工程价款结算的主要方式与内容

工程价款的主要结算方式：按月结算与支付、分段结算与支付、结算方法约定的其他结算方式。

(1) 按月结算与支付：即实行月支付进度款，竣工后清算的办法。工期在两个年度以上的工程，在年终进行工程盘点，办理年度结算。

(2) 分段结算与支付：即当年开工、当年不能竣工的工程按照工程形象进度，划分不同阶段支付工程进度款。具体划分在合同中明确。

(3) 结算双方约定的其他结算方式。

根据《建设项目工程结算编审规程》中的有关规定，工程价款结算的内容主要包括竣工结算、分阶段结算、专业分包结算和合同中止结算。

(1) 竣工结算。建设项目完工并经验收合格后，对所完成的建设项目进行的全面的工程结算。

(2) 分阶段结算。在签订施工承发包合同中，按工程特征划分为不同阶段实施和结算。该阶段合同工作内容已完成，经发包人或有关机构中间验收合格后，由承包人在原合同各分阶段价格的基础上编制调整价格，并提交发包人审核签认的工程价格，它是表达该工程不同阶段造价和工程价款结算依据的工程中间结算文件。

(3) 专业分包结算。在签订的施工承发包合同或由发包人直接签订的分包工程合同中，按工程专业特征分类实施分包和结算。分包合同工作内容已完成，经总包人、发包人或有关机构对专业内容验收合格后，按合同的约定，由分包人在原合同价格基础上编制调整价格并提交总包人、发包人审核签认的工程价格，它是表达该专业分包工程造价和工程价款结算依据的工程分包结算文件。

(4) 合同中止结算。工程实施过程中止，对施工承发包合同中已完成且经验收合格的工程内容，经发包人、总包人或有关机构点交后，由承包人按原合同价格或合同约定的定价条款，参照有关计价规定编制合同中止价格，提交发包人或总包人审核签认的工程价格，它是表达该工程合同中止后已完成工程内容的造价和工作价款结算依据的工程经济文件。

1.1.2　工程计量与款项支付

根据《建设工程价款结算暂行办法》，工程的计量与款项的支付规定如下：

(1) 工程预付款：预付款是发包人为解决承包人在施工准备阶段资金周转问题提供的协助。此预付款为该承包工程项目储备主要材料、结构件所需的流动资金。

在具备施工条件的前提下，发包人应在双方签订合同后的一个月内或不迟于约定的开工日期前 7 天内预付工程款。发包人不按约定预付，承包人应在预付时间到期后 10 天内向发包人发出要求预付的通知，发包人收到通知后仍不按要求预付，承包人可在发出通知 14 天后停止施工，发包人应从约定应付之日起向承包人支付应付款的利息(利率按同期银行贷款利率计)，并承担违约责任。

预付款按合同约定拨付，原则上预付比例不低于合同金额的 10%，不高于合同金额的 30%。在实际工程中，工程预付款的数额，要根据各工程类型、合同工期、承包方式和供应体制等不同条件而定。

(2) 工程进度款：施工企业在施工过程中，按月(或形象进度)完成的工程数量计算各项费用，向发包人办理工程进度款的支付(即中间结算)。

工程进度款的支付过程，应遵循如下要求：

1) 工程量的确认

① 承包方按约定时间，向工程师提交已完工程量的报告。工程师接到报告后 7 天内核实已完工程，即进行计量，并在计量前 24 小时通知承包方，不论承包方是否参与计量，计量结果均有效，作为工程价款支付的依据。

② 工程师收到承包方报告 7 天内未进行计量，从第 8 天起，承包方报告中开列的工程量即视为已被确认，作为工程价款支付的依据。工程师不按约定时间通知承包方，使承包方未能参加计量，计量结果无效。

③ 工程师对承包方超出设计图纸范围或因自身原因造成返工的工程量，不予计量。

2) 工程进度款支付程序

① 发包人应在收到承包人的工程进度款支付申请后 14 天内核对完毕。否则从第 15 天起承包人递交的工程进度款支付申请视为被批准。

② 发包人应在批准工程进度款支付申请的 14 天内，按不低于计量工程价款的 60%，不高于计量工程价款的 90% 向承包人支付工程进度款。

③ 发包方超过约定的支付时间不支付工程进度款，承包方应及时向发包方发出要求付款通知，发包方收到承包方通知后仍不能按要求付款，可与承包方协商签订延期付款协议，经承包方同意后可延期支付。协议应明确延期支付时间和从付款申请生效后按同期银行贷款利率计算应付工程进度款的利息。

④ 发包方不按合同支付工程款(进度款)，双方义未达成延期付款协议，导致施工无法进行，承包方可停止施工，由发包方承担违约责任。

3) 质量保证金

建设工程质量保证金是指发包人与承包人在建设工程承包合同中约定，从应付的工程款中预留，用以保证承包人在缺陷责任期内对建设工程出现的缺陷进行维修的资金。质量保证金的计算额度不包括预付款的支付、扣回以及价格调整的金额。保证金的扣除，一般有两种做法：

① 保证金的预留。从第一个付款周期开始，在发包人的进度付款中，按约定比例扣留质量保证金，直至扣留的质量保证金总额达到专用条款约定的金额或比例为止。

② 保证金的返还。缺陷责任期内，承包人认真履行合同约定的责任。约定的缺陷责任期满，承包人向发包人申请返还保证金。发包人在接到承包人申请后，

应于 14 日内会同承包人进行核实，如无异议，发包人应当在核实后 14 日内将保证金返还给承包人，逾期支付则按照同期银行贷款利率计付利息，并承担违约责任。发包人在接到承包人返还保证金申请后 14 日内不予答复，经催告后 14 日内仍不予答复，视同认可承包人的返还保证金申请。

4）其他费用的支付

在《建设工程施工合同（示范文本）》中，对安全费用、专利技术、文物、障碍物等涉及的费用作出了以下规定。

① 安全承包方面的费用：承包人按工程质量、安全及消防管理有关规定组织施工，承担由于自身的安全措施不力造成事故的责任和因此发生的费用。非承包人责任造成安全事故，由责任方承担责任和发生的费用。

② 专利技术及特殊工艺涉及的费用：发包人要求使用专利技术或特殊工艺，须负责办理相应的申报手续，承担申报、实验、使用等费用，承包人按发包人要求使用，并负责实验等有关工作；承包人提出使用专利技术或特殊工艺，报工程师认可后实施。承包人负责办理申报手续并承担有关费用。

③ 文物和地下障碍物涉及的费用：在施工中发现文物或有地质研究等价值的物品时，承包人应立即保护好现场并于 4 小时内以书面形式通知工程师，工程师应于收到书面通知后 24 小时内报告当地文物办理部门，承发包双方按文物管理部门的要求采取妥善保护措施。发包人承担由此发生的费用，延误的工期相应顺延。如发现文物隐瞒不报致使文物遭受破坏的，责任方、责任人依法承担相应责任。

施工中发现影响施工的地下障碍物时，承包人应于 8 小时内以书面形式通知工程师，同时提出处置方案，工程师收到处置方案后 8 小时内予以认可或提出修正方案。发包人承担由此发生的费用，延误的工期相应顺延。

5）工程竣工结算款

是指施工企业按照合同规定的内容全部完成所承包的工程，经验收质量合格，并符合合同要求之后，向发包单位进行的最终工程价款结算。

一般公式为：

竣工结算工程价款＝合同价款＋施工过程中预算或合同价款调整数额－预付及已结算工程价款－保修金

【案例 1-1】 某项工程发包人与承包人签订了施工合同，估算工程量为 2300m³，合同价为 180 元/m³，合同规定：

开工前发包人应向承包人支付合同价的 20% 预付款；

发包人自第一个月起，从承包人的工程款中，按 5% 的比例扣留保修金；

当实际工程量超过估算工程量 10% 时，可进行调价，调整系数为 0.9；

根据市场情况规定价格调整系数平均按 1.2 计算；

工程师签发月度付款最低金额为 13 万元；

预付款在最后两个月扣除，每月扣 50%。承包人每月实际完成并经工程师签证确认的工程量如表 1-1 所示。

月　份	1月	2月	3月	4月
工程量（m³）	500	800	800	600

工　程　量　表　　　　　表 1-1

第一个月，工程量价款为：500×180＝9 万元

应签证的工程款为：9×1.2×(1－5%)＝10.26 万元

由于合同规定工程师签发的最低金额为 13 万元，故本月工程师不予签发付款凭证。

求预付款、从第二个月起每月工程量价款、工程师应签证的工程款、实际签发的付款凭证金额各是多少？

解：（1）预付款金额为：2300×180×20%＝8.28 万元

（2）第二个月，工程量价款为：800×180＝14.4 万元

应签证的工程款为：14.4×1.2×0.95＝16.42 万元

本月工程师实际签发的付款凭证金额为：10.26＋16.42＝26.68 万元

（3）第三个月，工程量价款为：800×180＝14.4 万元

应签证的工程款为：14.4×1.2×0.95＝16.42 万元

应扣预付款为：8.28×50%＝4.14 万元

应付款为：16.42－4.14＝12.28 万元

应本月应付款金额小于 13 万元，故工程师不予签发付款凭证。

（4）第四个月，工程累计完成工程量为 2700m³，比原估算工程量 2300m³ 超出 400m³，已超过估算工程量的 10%，超出部分其单价应进行调整。则：

超过估算工程量 10% 的工程量为：2700－2300×(1＋10%)＝170m³

这部分工程量单价应调整为：180×0.9＝162 元/m³

工程量价款为：(600－170)×180＋170×162＝10.50 万元

应签证的工程款为：10.50×1.2×0.95＝11.97 万元

本月工程师实际签发的付款凭证金额为：

12.28＋11.97－8.28×50%＝20.11 万元

1.1.3　工程价款价差调整的主要方法

工程建设项目合同周期较长的项目，随着时间的推移，工程价款要受到物价浮动等多种因素的影响，其中主要是人工费、材料费、施工机械费等要发生变化。因此，在工程价款结算中充分考虑动态因素，使工程价款结算能够基本上反映工程项目的实际消耗费用。

工程价款价差调整的方法有工程造价指数调整法、实际价格调整法、调价文件计算法、调制公式法等。

（1）工程造价指数调整法

根据当地工程造价管理部门所公布的工程造价指数，对原承包合同价予以调整。

调整后的工程价款＝工程合同价×竣工时工程造价指数÷签订合同时工程造

价指数。

（2）实际价格调整法

在我国，由于建筑材料需要市场采购的范围越来越大，有些地区规定对钢材、木材、水泥等三大材的价格采取按实际价格结算的方法。工程承包人可凭发票按时报销。这种方法方便快捷。但是由于是实报实销，因而承包人对降低成本不感兴趣，为了避免副作用，地方主管部门要定期发布最高限价，同时合同文件中应规定建设单位或工程师有权要求承包人选择更廉价的供应来源。

（3）调价文件计算法

这种方法是甲乙方采取按当时的预算价格承包，在合同工期内，按照造价管理部门调价文件的规定，进行抽料补差（在同一价格期限内按所完成的材料用量乘以价差。也有的地方定期发布主要材料供应价格和管理价格，对这一时期的工程进行抽料补差）。

（4）调值公式法

根据国际惯例，对建设项目工程价款的动态结算，一般采用此法。

$$P = P_0(a_0 + a_1 A/A_0 + a_2 B/B_0 + a_3 C/C_0 + a_4 D/D_0 + \cdots\cdots)$$

式中
　　　　　　P——调值后合同价款或工程实际结算款；

　　　　　　P_0——合同价款中工程预算进度款；

　　　　　　a_0——固定要素，代表合同中不能调整的部分占合同总价中的比重；

a_1、a_2、a_3、a_4……——代表有关各项费用在合同总价中所占比重，它们之和为1；

A_0、B_0、C_0、D_0……——基准日期与 a_1、a_2、a_3、a_4……对应的各项费用的基期价格指数或价格；

A、B、C、D……——与特定付款证书有关的期间最后一天的49天前与 a_1、a_2、a_3、a_4……对应的各项费用的现行价格指数或价格。

【案例1-2】 某城市一土建工程，合同规定结算款为100万元，合同原始报价日期为1995年3月，工程于1996年5月建成交付使用。根据表1-2所列工程人工费、材料费构成比例以及有关造价指数，计算工程实际结算款。

费用构成及造价指数表　　　　　　　　表1-2

项目	人工费	钢材	水泥	集料	一级红砖	砂	木材	不调值费用
比例	45%	11%	11%	5%	6%	3%	4%	15%
1995年3月指数	100	100.08	102.0	93.6	100.2	95.4	93.4	—
1996年5月指数	110.1	98	112.9	95.9	98.9	91.1	117.9	—

解： 实际结算价款$=100\times(0.15+0.45\times110.1/100+0.11\times98.0/100.08$
$+0.11\times112.9/102.0+0.05\times95.9/93.6+0.06$
$\times98.9/100.2+0.03\times91.1/95.4+0.04\times117.9/93.4)$
$=100\times1.064=106.4$ 万元

因此，通过调整，1996年5月实际结算的工程价款为106.4万元，比原始合同价多结6.4万元。

1.1.4　工程价款调整的程序

根据《建设工程价款结算暂行办法》的规定，工程价款调整报告应由受益方在合同约定时间内向合同的另一方提出，经对方确认后调整合同价款。受益方未在合同约定时间内提出工程价款调整报告的，视为不涉及合同价款的调整。当合同未作约定时，可按下列规定办理：

（1）调整因素确定后14天内，由受益方向对方递交调整工程价款报告。受益方在14天内未递交调整工程价款报告的，视为不调整工程价款。

（2）收到调整工程价款报告的一方应在收到之日起14天内予以确认或提出协商意见，如在14天内未作确认也未提出协商意见时，视为调整工程价款报告已被确认。

1.1.5　相关的事件与政策规定

近年来，建设领域发生了较多的事件，也出台了一系列的政策规定。这些规定对于规范建筑市场、推进建设领域的健康发展有着重要的作用。作为一个合格的谈判人员，应该关注并熟悉其中与工程造价密切相关的这些事件和政策。

（1）2002年，全国人大《中华人民共和国建筑法》执行情况检查团通过对部分省、市的检查，指出工程建设领域发、承包阶段较为严重的存在着"黑白合同"。造成工程价款的结算争议，工程竣工结算多头审查或一审再审、以审代拖，形成久拖不结，由于工程款拖欠严重，进而造成拖欠农民工工资，引发严重的社会问题。为此，国务院决定从2003年起，在全国范围内开展清理拖欠工程款、清理拖欠农民工工资的活动。

（2）为解决清欠中的法律依据问题，最高人民法院于2001年9月29日发布了《关于审理建设工程施工合同纠纷案件使用法律问题的解释》。该解释多条涉及工程合同价款如何认定的问题，为规范工程计价行为提供了法律保障。

（3）2003年2月17日，建设部批准发布了国家标准《建设工程工程量清单计价规范》，使我国工程造价从传统的以预算定额为主的计价方式向国际上通行的工程量清单计价模式转变。

（4）财政部、建设部于2004年10月20日印发了《建设工程价款结算暂行办法》，对工程建设领域涉及工程价款结算、价款支付、工程计量、工程变更与价款调整、索赔、竣工结算、工程价款审核、工程价款结算争议处理等问题作了针对性的明确规定，使规范工程计价行为有章可循。

（5）2003年10月15日，建设部、财政部印发了《建筑安装工程费用项目组成》，提出了措施费和规费的概念。

（6）2005年6月7日，建设部办公厅印发了《建筑工程安全防护、文明施工措施费用及使用管理规定》，明确规定上述费用由《建筑安装工程费用项目组成》

中的文明施工费、环境保护费、临时设施费、安全施工费组成。并规定"投标方安全防护、文明施工措施的报价，不得低于依据工程所在地工程造价管理机构测定费率计算所需费用总额的 90％"。

(7) 2006 年 11 月 22 日，建设部办公厅印发了《关于开展建筑工程实物工程量与建筑工种人工成本信息测算和发布工作的通知》，要求自 2007 年起开展建筑工程实物工程量与建筑工种人工成本信息的测算发布工作，并进一步明确了人工成本信息的作用。

(8) 2006 年 12 月 8 日，财政部、国家安全生产监督管理总局印发《高危行业企业安全生产费用财务管理暂行办法》，规定"建筑施工企业提取的安全费用列入工程造价，在竞标时，不得删减"。

(9) 2007 年 11 月 1 日，国家发展改革委、财政部、建设部等九部委联合颁布了第 56 号令，在发布的《标准施工招标文件》中，规定了新的通用合同条款，该合同条款对工程变更的估价原则、暂列金额、索赔、争议的解决都有明确的定义和相应的规定。

(10) 2008 年 7 月 9 日，住房和城乡建设部以 63 号公告，发布了《建设工程工程量清单计价规范》(简称 08 规范)，从 2008 年 12 月 1 日起实施。08 规范的出台，对巩固工程量清单计价改革成果，进一步规范工程量清单计价行为具有十分重要的意义。

(11) 施工合同文本种类

目前，在我国工程建设中比较典型的施工合同文本主要有：《建设工程施工合同示范文本》、《水利水电土建工程施工合同条件》以及《标准施工招标文件》的合同条款。在国际工程中，比较常用的是 FIDIC 合同条件。

①《建设工程施工合同(示范文本)》(GF—1999—0201)，由建设部、国家工商行政管理局于 1999 年 12 月 24 日颁布，适用于各类公用建筑、民用住宅、工业厂房、交通设施及线路管道的施工和设备安装。文本由协议书、通用条款、专用条款以及附件组成。

②《水利水电土建工程施工合同条件》(GF—97—0208)，由水利部、国家电力公司和国家工商行政管理局于 2000 年 2 月 23 日联合颁布，适用于列入国家或地方建设计划的大中型水利水电工程，小型水利水电工程可参照使用。文本由通用合同条款和专用合同条款组成。

③《标准施工招标文件》，由国家发改委、财政部、建设部等部门于 2007 年 11 月 1 日联合发布，主要适用于具有一定规模的政府投资项目，且设计和施工不是由同一承包商承担的工程施工招标。与以前的行业标准施工招标文件相比，该文件在指导思想、体例结构、主要内容以及使用要求等方面都有较大的创新和变化，不再分行业而是按施工合同的性质和特点编制招标文件，并且结合我国实际情况对通用合同条款作了较为系统的规定。

④ FIDIC 是国际工程咨询工程师联合会的缩写，是国际工程咨询界最具权威的联合组织，该组织编制了一系列规范性合同条件，世界银行、亚洲银行、非洲

开发银行等国际金融组织的贷款项目常常采用这些合同条件。FIDIC 土木工程施工合同条件第一版于 1957 年颁布，每隔 10 年左右的时间修订一次，主要用于土木工程施工。FIDIC 合同调价由通用合同条件和专用合同条件两部分构成，且附有合同协议书、投标函和争端仲裁协议书。

1.2　工程结算谈判

1.2.1　谈判的含义

谈判是指人们基于一定的需求，彼此进行信息交流、磋商协议，旨在协调相互关系、赢得或维护各自利益的行为过程。谈判作为协调各方面关系的重要手段，广泛应用于政治、经济、军事、外交、科技等各个领域。

1.2.2　工程结算谈判的含义

工程结算谈判是指工程项目相关利益方围绕工程价款结算所进行的谈判活动，是集政策性、技术性、艺术性于一体的社会经济活动。本课程主要讲授国内工程的工程结算谈判。

1.2.3　工程结算谈判的构成要素

（1）谈判的主体

即谈判的当事人。作为谈判的当事人可以是自然人，也可以是经组合而成的一个团体；可以是双方也可以是多方。

（2）谈判的客体（谈判议题）

谈判议题是指在谈判中双方要协商解决的问题，是谈判者利益要求的体现。

谈判议题是谈判的起因、谈判的目的、谈判的内容，是谈判活动的中心。

（3）谈判信息

全面、准确、及时的信息，是产生正确判断和决策的前提，应该把信息的获取、分析及综合视作整个谈判过程中一项十分重要的工作。

（4）谈判时间

可包含三方面内容：第一，规定谈判期限；第二，谈判的时机；第三，适当的谈判时间。

（5）谈判地点

谈判地点的选择会影响谈判双方的心理和谈判地位。谈判地点的选择有四种方案：主座、客座、主客座轮流、主客场以外的第三地。

1.2.4　工程结算谈判的特点

（1）工程结算谈判是以获得经济利益为目的

任何谈判都是以追求利益为目标，工程结算谈判也不例外，无论是技术谈判还是商务谈判，都是以直接经济利益为目的的谈判，其核心是价格谈判。

（2）工程结算谈判不是无限制地满足自己的利益

谈判双方都希望以较少的成本支出取得最大的谈判成果，但是任何谈判都必须满足对方的最低要求，否则会因对方的退出而使谈判破裂，让自己到手的利益丧失殆尽。所以当事人双方不仅要考虑己方利益，还要站在对方立场上考虑其所能接受的临界点，谈判才有可能成功。

（3）工程结算谈判的政策性：谈判双方要熟知并遵守国家的合同法、税法、劳动法、经济法以及工程造价相关政策规定；如果是国际工程，还要熟知工程所在国家的相关政策和规定。

（4）工程结算谈判的技术性：工程结算谈判的一个显著特征就是谈判的内容和重点，绝大部分都是围绕项目的工程技术问题和有关合同条件展开的。而谈判的成功与否也取决于谈判人员对工程技术业务知识和合同条款知识的熟悉和掌握程度，尤其是大型的、复杂的工程项目，技术谈判更是关键的决定因素。谈判技巧再好，如果缺乏应有的技术业务知识，是难以取胜的。

（5）工程结算谈判的艺术性：一个有经验的谈判人员，往往能够在谈判过程中时时刻刻注意强化谈判的艺术效果，及时沟通心理，创造好的谈判氛围，加强感染力；而且注意运用机智幽默轻松灵活的谈判风格，增强在谈判中的应变能力；还能具有良好的心理调控能力，进行诱导分析，跨越扫除障碍，随时促进谈判向有利的形势转化和发展。

（6）谈判各方最终获利大小、多寡，取决于各方的实力。

实力包括客观的经济实力和谈判实力。谈判人员的素质及其对待谈判的态度，对谈判策略和谈判技巧的运用能力，谈判班子的协作能力，直接影响谈判各方的谈判实力。

1.2.5　工程结算谈判的基本阶段

（1）开局阶段

所谓开局是指一场谈判开始时，谈判各方面之间的寒暄和表态以及对谈判对手的底细进行探测，为影响、控制谈判奠定基础。

开局阶段要做好开局发言，创造谈判气氛，建立信任关系。双方进行接触摸底、交流信息、交流意见、商定谈判程序并开始讨论问题。

对整场谈判而言，谈判开局对整个谈判过程起着相当重要的影响和制约作用。它不仅决定着双方在谈判中的力量对比，还决定着双方在谈判中采取的态度和方式。同时也决定着双方对谈判局面的控制，进而决定着谈判的结果。

（2）提出目标期望阶段

通过商谈，摸清对方想法和心理特征，必要时调整自己的谈判方案。一般是先技术会谈，后商务会谈。即是在技术问题达成共识的基础上，再进行工程价款的谈判。

（3）磋商阶段

双方运用策略和技巧，讨价还价、反复磋商，消除困难或障碍，作出必要的妥协和让步，逐步缩小差距。

（4）解决问题阶段

根据公平原则，在互利互惠的基础上，达成一致意见，解决问题。

谈判始终贯穿于项目的整个过程，是连续不断相互关联的，每个阶段都必须做到承前启后、彼此衔接，把握好谈判进程，掌握主动权，才可能取得谈判的成功。

1.2.6　在进程的把握中应注意的问题

（1）安排好谈判程序，力争驾驭整个议程，占据主动地位，促使谈判步入预想的轨道。

（2）根据每个阶段的谈判任务，限定适当的谈判范围，不仅善于进攻还要善于妥协让步，从一个阶段顺利转入下一个阶段。

（3）运用谈判的策略和技巧。

1.3　谈判的准备工作

1.3.1　重视谈判的前期阶段工作

工程结算谈判贯穿于工程实施的全过程，是一个持续性的过程，谈判工作不是独立、个别的过程，而是相互依赖相互关联的有机的整体。很多谈判的成功都是得益于谈判前期充分的准备工作。所以说谈判方对谈判前期工作的重视程度，对于谈判结果有着至关重要的作用，要充分地予以重视。

1.3.2　收集信息并对信息处理分析

谈判前期阶段工作的首要任务就是收集各种相关的基础资料和信息，如项目情况、协议、会议记录、签证资料等原始资料，以及前期谈判的人员及情况、此次谈判的人员组成、工作安排及情况，然后进行归纳、汇总和分析。

根据信息的来源和性质的不同，我们把信息分为六类：市场信息、技术信息、金融方面的信息、有关政策法规、有关谈判对手的资料、自身信息。

（1）市场信息

市场信息是反映市场活动特征及其发展变化的各种资料、数据、消息、情报的统称，特别要注意收集并分析人工、材料、机械的市场价格及其对应的时间段、市场供需情况、价格对本项目的影响等。

（2）技术信息

熟悉施工组织设计、施工工艺、现场施工各种技术情况、施工技术要求和规范、合同协议、现场签证等，判断哪些信息会对工程结算价款产生影响，及时进行记录和反馈。

（3）金融方面的信息

随时了解贷款银行营运情况，特别是有关承办手续、费用和银行应承担的义务等方面的资料；关注国家经济发展水平，避免通货膨胀等因素造成的经济损失。

（4）有关政策法规

应熟悉与工程建设有关的法律法规及各种规范性文件，确保双方有关谈判内容符合国家的法律规定；要注意了解对方当事人是否具有合法的经营资格及其经营过程是否合法。

（5）有关谈判对手的资料

在信息的收集过程中，对谈判对手的情况资料的收集并进行调研与分析是非常重要的。如果同一个事先毫无了解的对手进行谈判，其困难程度和风险程度是可想而知的。要了解分析以下各种情况：对方资信、技术、物力、财力等等实力状况，对方谈判人员组成及其身份、经历、能力、性格等的了解和分析。在知己知彼的基础上，采用相应的谈判策略对症下药，才能制胜对手取得成功。

（6）自身信息

自身信息是指谈判者所代表的组织及本方谈判人员的相关信息，主要包括：本方经济实力的评价，本方资质等级、财务状况、企业经营管理水平、成败纪录等。

我们将自身信息归纳为四类，即谈判的目标定位和策略定位、本方谈判人员的实力评价、本方资料准备、优劣势分析等。

谈判的目标定位和策略定位：包括项目的可行性和谈判目标的可行性，前者关系到项目本身是否有效益，是否值得安排谈判，后者关系到谈判目标是否合理，是否会对后续工程的实施带来被动和隐患。

本方谈判人员的实力评价：包括本方谈判人员的知识结构、人际交往及谈判的能力、心理素质、成员之间的熟悉及配合、士气状况、以往参加的谈判及表现。

本方所拥有的各种资料的准备情况：包括相关资料的齐全程度，对核心资料的把握程度；本方人员对资料的熟悉程度，哪些资料可以在谈判中作为背景资料提供给对方，哪些资料将在关键场合发挥独特的作用；本方拥有的时间等。

优劣势分析：通过对自身优劣势的分析，确认当自己处于劣势时，就放弃那些耗时耗资的无效谈判，优劣势兼有时，充分发挥自己的优势，扬长避短，力争取得谈判的成功。

1.3.3 思维及思维方式的训练

思维是人类运用知识的一种运动，是谈判的原动力。不要把思维停留在思维的低级形式，即习惯性、再现性或重复性思维，而是要进入思维的高级形式，即创造性思维。

思维方式有以下几种：

（1）直观思维：指客观外界事物通过人体器官作用于大脑而产生的感觉。

（2）扩散思维：是根据自己现有知识和经验，在直观思维的基础上，通过多维、立体的思考，不受任何约束，充分发挥想象力的一种思维方式。从某种角度来看，想象力甚至比知识更重要。

（3）集中思维：是以某一具体工作为对象，通过集中选择最佳方案。

（4）理论思维：是系统化的理性认识，具体表现为对问题的分析、推理和判断过程。

思维的广度、深度及方式都有赖于个体的自身经历、知识的累积以及训练，下面简单介绍开发创造性思维的主要方法。

创造性思维是扩散思维、集中思维和理论思维的有机结合和统一。其训练方法主要有头脑风暴法和运用关键词法、逻辑思维法等。

（1）扩散思维的训练方法——头脑风暴法

头脑风暴法也称智力激励法，创始于 20 世纪 30 年代，目前在国际众多高等学府开设有专门课程，训练学生的创造力。头脑风暴法一般是运用会议形式，相互启发，引起联想，产生共振，在短时间结合自己的经验和知识，进行多维思考，卷入头脑风暴洪流，诱发一系列设想。例如：一个简单的组词的游戏，用"花"这个字组词。一般的人会联想到各种不同的花卉，如玫瑰花、梅花、百合花等。运用头脑风暴法，采取扩散思维的方式，就会有其他更为广泛的词汇出现在头脑中。如礼花、爆米花、脑花、落花流水、叫花子等。所以在谈判准备阶段，大量的工作都需要运用头脑风暴法进行广泛的联想，然后再确定具体的行动方案。例如，怎样获得对手的各种情报？如对方谈判人员组成及分工、主要谈判人员的经历以及性格特征、社会关系、对手可能会从哪些方面寻找谈判突破口等问题，都需要运用头脑风暴法进行全面、立体的思维和考虑。

（2）集中思维的训练方法——运用关键词法

作为一个谈判者，在谈判过程中需要注意减少大脑的超负荷，避免思维混乱。大脑需要存储的是一些非常深刻和简化的思维，这就需要将复杂的内容提炼成有高度内涵的关键词，写在纸上存入大脑，每个关键词代表一个想法和要点。通过简化和深化谈判思维，不管谈判现场的形势如何，谈判者都不易跑题或遗忘阐述的主要观点，同时保持头脑的清醒和冷静。

（3）理论思维的训练方法——逻辑思维法

逻辑学是从形式上或结构上来研究推理的正确性或者有效性的科学。所谓推理是指由已知的知识作为前提推出新的知识作结论的过程。推理的前提和结论都是命题。命题是对客观事实的描述和表达，命题的基本性质从根本上决定了推理的性质。一个推理是正确的，是指从真的前提出发一定能够得到真的结论，否则就是一个不正确的推理。逻辑推理分为基本复合命题及其推理、多重复合推理、直言命题与对当关系推理、三段论、关系与模态、归纳和类比、求因果联系的方法、非形式理论等。

我们以具体的例子来讲解逻辑推理的过程和方法。

【案例 1-3】 如果张丽是学生会成员，她一定是二年级学生。

上述判断是基于以下哪个前提做出的？

A. 只有张丽才能被选入学生会。

B. 只有二年级学生才有资格被选入学生会。

C. 入选学生会成员中必须有二年级学生。

D. 二年级学生也可能不被选入学生会。

【案例 1-4】 某地有两个奇怪的村庄王庄和李村，王庄的人在星期一、三、五说谎，李村的人在星期二、四、六说谎。在其他日子他们说实话。一天，外地的王充来到这里，见到两个人，分别向他们提出关于日期的问题。两个人都说："前天是我说谎的日子。"

如果被问的两个人分别来自王庄和李村，以下哪项最可能为真？

A. 这一天是星期五或星期日。

B. 这一天是星期二或星期四。

C. 这一天是星期一或星期三。

D. 这一天是星期四或星期五。

【案例 1-5】 如果张传参加宴会，那么钱华、孙旭和李元将一起参加宴会。

如果上述断定是真的，那么以下哪项也是真的？

A. 如果张传没参加宴会，那么钱华、孙旭和李元三人中至少有一人没参加宴会。

B. 如果钱华、孙旭和李元都参加了宴会，那么张传参加了宴会。

C. 如果李元没参加宴会，那么钱华和孙旭不会都参加宴会。

D. 如果孙旭没参加宴会，那么张传和李元不会都参加宴会。

【案例 1-6】 一家珠宝店被盗，经查可以肯定是甲、乙、丙、丁四人中的某一人所为。审讯中，他们四人各自说了一句话。

甲说："我不是罪犯。"

乙说："丁是罪犯。"

丙说："乙是罪犯。"

丁说："我不是罪犯。"

经调查证实，四人中只有一个人说的是真话。

根据以上条件，下列哪个判断为真？

A. 甲说的是假话，因此甲是罪犯。

B. 乙说的是真话，丁是罪犯。

C. 丙说的是真话，乙是罪犯。

D. 丁说的是假话，丁是罪犯。

【案例 1-7】 最近由于在蜜橘成熟季节出现持续干旱，四川蜜橘的价格比平时同期上涨了三倍，这就大大提高了橘汁酿造业的成本，估计橘汁的价格将有大幅度的提高。

以下哪项如果是真的，最能削弱上述结论？

A. 去年橘汁的价格是历年最低的。

B. 其他替代原料可以用来生出仿橘汁。

C. 最近的干旱并不如专家们估计的那么严重。

D. 除了四川外，其他省份也可以提供蜜橘。

案例 1-3～案例 1-7 的答案分别为 B、C、B、A、D。

1.3.4 谈判人的行为准则

谈判人的行为准则是指谈判人在谈判中应遵循的行动规范，它是理智的、追求的产物，是以效果为目标的人为行动。它主要体现在谈判人的礼仪、个性和做戏三个方面。

（1）谈判人的礼仪

谈判人的礼仪包括谈判人的服饰、举止、谈吐。它是谈判人素养的展示。

① 服装：人的第一印象往往从对方的服装获得，服装蕴含了一个人的审美观、学识水平和个人修养等因素，谈判者应重视自己的着装。谈判者着装应选择质地优良、颜色和款型搭配庄重、稳健的服饰，女士应化淡妆。要避免过于花哨和鲜艳、过于时尚和暴露、过于夸张和新潮的服饰，谈判者应具备基本的着装知识。

② 举止：是谈判人在谈判过程中的坐、立、行及面部的神态和表情。它是谈判者的形体语言，不同的坐、立、行姿态运用于不同的场合，体现谈判者不同的心态，或进取、或对抗、或防守、或应付。作为谈判者，应对这些行为礼仪有所知晓。

③ 谈吐：谈判者的谈吐是指其在谈判中的说话技巧。它反映谈判人把握思想表达分寸的能力。主要表现在谈判者讲话的距离、手势、眼神、音调和用语上。谈话的距离应符合方便、卫生和抒发情绪的要求；手势的准确运用能增强谈判的力度和效果，但要注意无谓的手势尽量少用，手势的幅度也不宜过大；眼神要平静柔和，在不同的国家和地区，谈判者应了解当地的礼节，或凝视、或扫视、或眯眼，总之要体现尊重和真诚；音调的升降、说话的频率、语言的多少应体现礼貌、情感和专业。

（2）谈判人的个性

谈判人应塑造适应谈判环境需要的个性，谈判人往往具有双重个性，即生活中的个性与谈判中的个性。生活中每个个体，有着不同的个性，如慢性子、急性子、温善性格、泼辣性格等，应该说没有哪一种性格在谈判中是完美的。那么对各种性格进行分析，找到各种性格的优点及不足，然后对己方和对方谈判者的性格进行分析，扬长避短，找到能促进谈判的良好对策，是谈判者应进行的一项基础工作。

（3）谈判中的做戏

鉴于谈判的需要，在谈判中总会有做戏的成分，这也是谈判人以角色投入谈判的必然要求。在谈判中，为了创造谈判的某些效果或压制对方的条件，做戏是很有必要也是很有效的。像演戏一样，谈判中做戏需要一些道具及动作。如漫不经心地玩笔，可表示对对方的态度不在乎或对对方所谈条件不感兴趣；如将桌子上的包轻轻拿起，表示可能要结束谈判，或暗示停止现有话题；如虚晃一下电传、某个文件，表明某个论点的真实性等。总之，做戏要自然，要看场合和背景，如果给对方一种虚张声势或者装腔作势的感觉，那么做戏就是失败的，不利于谈判的进一步发展。做戏需要悟性和经验的累计。

1.3.5 谈判中的心理战

（1）谈判思维的准备和训练

每场谈判都是知识、技巧和经验的较量，谈判思维的开发创造，需做些基本的训练，以减少头脑的超负荷状态和问题的不确定性。

任何谈判者在谈判过程中都要扮演三种角色，即发挥三方面的功能：发话人、受话人和控制人。谈判思维就需要按这三种角色进行准备和训练。

① 发话人

要求头脑清晰。条理清晰地反映出我方的观点和设想。所以要事先准备好发言提纲，并列出关键词。

② 受话人

要求根据谈判对手的陈述，准确理解对方意图，消化有效信息，并简化提炼关键信息。听不到或误解对方信息，会导致谈判时思维混乱，对谈判造成不利。

③ 控制人

要求能够控制谈判进程，明确谈判的目的、议程和进度安排，并能采取必要的协调和控制措施。

（2）谈判人的追求

谈判人的追求即谈判人的心态和心理活动所反映出的个人追求，由于谈判人的地位、修养以及生活的社会环境不同，所持的信念和追求也不一样。代表性的追求有：为了工作、为了客户、为企业和国家利益、为了出风头、为了晋升、为了发财等。不同的追求心理会给谈判者带来积极或消极的影响。利用谈判人目标追求中的积极因素，堵塞其心理漏洞，对谈判效果的加强是十分有效的。通过观察、谈话、试探等方法可以确定对方谈判者的追求是什么，从而利用对方的心理弱点争取有利的条件。如对好出风头者，可慷慨奉送赞美之词；对贪图小利者，可以较小诱饵使其上钩，以小换大；为客户利益者注重客户要求，要让其有成就感等。

（3）心理战的目标

在谈判中，谈判人运用心理战术影响对手的精神状态可实现其独特的心理战目标。心理战典型的目标有：动摇对方意志、瓦解对方斗志、诱使对方反戈三种。

① 动摇对方意志：即当对手极为自信且顽强坚持自己的观点时，通过心理战使其对自己的观点产生怀疑或犹豫，从而达到动摇其意志的目的。

② 瓦解对方斗志：当对手斗志旺盛、步步紧逼时，通过心理战摧毁其斗志，从而达到削弱其战斗力。

③ 诱使对方反戈：是一种特殊的策略，即通过迎合对方的心理追求，使其放弃原来的谈判立场，主动退让，甚至帮助己方来对付对方。这是心理战的上乘目标。

（4）心理战的基本形式

心理战的基本形式有：唬、诱、搅三种。

唬是一种以恐吓、威胁为主体特征，以强硬手段为基本做法的心理战。该种心理战制造的是恐惧情绪，借恐惧达到击退对手的目的。如在谈判中，态度强硬、语气严厉、态度坚决、咄咄逼人，此为阳唬；抓住对方弱点，使用诡诈之计，使对方有阴森害怕的恐惧感，从而使其就范，此为阴唬。

诱是以利诱、引诱、诱惑等为主体特征，以软的手段为基本做法的心理战。诱的做法有情诱、利诱两种。

情诱的核心是一个"情"字。情可以使对手心理产生犹豫和疑惑。"情"可以是历史的交情，可以是通过第三人而搭上的情，也可能是通过谈判刚建立起来的交情。

利诱中的"利"则分为小利、出格之利、违章之利和违法之利。

小利，即是我们所说的小恩小惠，价值不高，却能投人所好。小利不是礼节性的小玩意，而是有选择、有目的、精心策划过的，小利出手要适时、适人，其效果是明显的。

出格之利，是指分量较重之利。

违章之利，是指违反企业、行业规章制度的利。其形已不局限在物，而扩大到钱。在某种角度上看，这种利具有合作窃取的性质，具有隐秘的特点。

违法之利，是指已触犯刑律之利。该利可能与欺诈、偷税等非法交易有关。其威力很大，不仅仅能够动摇对手意志，更在于俘虏对手、策反对手。

一名优秀的谈判对手在使用利诱的手段时，一定要知法守法，同时还要警惕对手违法的利诱。

搅是心理战的主要手法之一，它的外部形象是捣乱和干扰，目的是使对方头痛、厌倦、心烦，从而使其谈判失去章法。搅分为单搅和乱搅。单搅是指围绕对方某件事或某个话题纠缠不放，没完没了，即使对方有理也要鸡蛋里挑骨头。乱搅是指对多个事件与话题同时纠缠不放，看似一团麻。作为己方，心里要清晰事件脉络，要做到多条线索搅而不乱，不致迷失方向和主题，更不可未乱对方先乱自己。

（5）心理战实施的步骤

心理战的步骤一般可分为：心理试探、选择目标和形式、组织实施三个程序。

1）心理试探

试探对手的心理状态，如对手的性格特征、追求、态度、表象、人员组成等；对己方的心里试探，如己方谈判人员的心理状态（追求、惧怕、讨厌、喜欢等）、辩证分析强弱点。

2）选择目标和形式

不同的谈判有不同的目标，在选择时应注意针对性，应切中对手的心理弱点，确定己方的心理战要达成的目的。在双方交锋以后，对方的心理状态会有相应的调整，那么己方要及时进行审视和调整，不能一成不变。在形式上，对不同心理状态的对手，采用唬、诱、搅等不同形式的方法，并注意根据情况的不断发展，动态地进行调整和改变。

3) 组织实施

在实施心理战时，应在四个环节上采取措施：心理战的脚本、参与人、启动时机、总指挥。

① 心理战的脚本：在试探双方心理状态，分析应选择心理战的目标和形式的基础上，首先要编写心理战的脚本，即整个心理战过程的设计。包括过程设计和角色设计。过程设计包括理由的设计、程序设计、应对反击的设计以及营造相应气氛的设计。角色的设计，根据心理战的全过程需要的"剧情"，设计角色的数量、台词、形象、角色之间的配合、追求的效果等。

② 参与人：根据确定的角色进行人员的选定和培训。

③ 启动时机：心理战作为谈判的辅助手段，启动时机的把握很重要。启动时机分为两种：谈判初期心理战是在谈判前设计，中后期的心理战是在谈判过程中设计。

④ 总指挥：总指挥也是总导演，通常他也是身处一线的主谈人，既是总指挥，又是心理战中的"角色"。总指挥要控制三件事：角色的投入；战斗的展开；评估战况，调整应对方法。

1.3.6 方案的准备

谈判方案是指在谈判开始以前对谈判目标、议程、谈判策略预先所做的安排以及对各种背景材料的收集和整理，是在对谈判信息全面分析、研究的基础上，根据双方的实力对比为本次谈判制定总体设想和具体实施步骤，是指导谈判人员行动的纲领，在整个谈判中起着非常重要的作用。

复 习 思 考 题

一、简答题

1. 什么是质量保证金？怎样预留保证金？保证金如何返还？

2. 某工程基础底板的设计厚度为 1m，承包人根据以往的施工经验，认为设计有问题，未报工程师，即按 1.1m 施工。多完成的工程量在计量时工程师是否予以认可。在什么样的情况下工程师应该认可新增工程量。

3. 工程预付款的支付时间有什么规定？承包人可以随意支付工程预付款吗？工程预付款应用于哪些费用的支付才是合理的？工程预付款应如何扣回？

4. 《建设工程价款结算暂行办法》中，对发包人支付工程进度款的时间有什么要求？

5. 施工中发现影响施工的地下障碍物时，承包人应如何处理？监理工程师应如何处理应对？

6. 承包人在什么情况下可向发包方发出要求付款的通知？发包方不按合同支

付工程款，承包方可采取什么行为，发包方应承担什么责任？

7. 专利技术及特殊工艺的采用，若分别由承包人提出或由发包人提出，应办理什么手续并承担哪些费用？

8. 什么是工程结算谈判？工程结算谈判由哪些要素构成？

9. 试说明工程结算谈判的技术性，要求谈判人员具备哪些方面的技术业务知识？

10. 工程结算谈判分为几个阶段？每个阶段的任务和工作内容是什么？

11. 谈判人在谈判中有几种可能的追求？如何利用各种不同的追求达到己方谈判目标？

12. 心理战有几种形式？心理战如何实施？

二、案例分析

1. 某工程合同价款是 1500 万元，其中主要材料金额占合同价款的 60%。2000 年 1 月签订合同时，该主要材料综合价格指数为 100%，2001 年结算时，综合价格指数为 115%，则该主要材料结算款为多少？

2. 某工程合同价为 100 万元，合同约定：采用调值公式进行动态结算，其中固定要素比重为 0.3，调价要素 A、B、C 分别占合同价的比重为 0.15、0.25、0.3，结算时价格指数分别增长了 20%、15%、25%，则该工程实际结算款额为多少？

3. 2003 年 9 月实际完成的某土方工程按 2002 年 1 月签约时的价格计算工作量为 20 万元，该工程的固定要素部分占 20%，各参加调值的部分除人工费的价格指数增长了 10%外都未发生变化，人工费占调值部分的 50%，按调值公式法完成该土方工程应结算的工程款为多少？

4. 2008 年 4 月 1 日承包方按约定时间向工程师提交了已完工程的工程量报告，工程师接到报告后第四天进行了计量核实，并与之前一天通知了承包方，但承包方未参与核实工作。请问此核实计量结果是否有效。若工程师在复核计量之前未通知承包人，计量结果是否有效？

5. 某项工程发包人与承包人签订了施工合同，估算工程量为 3200m³，合同价为 160 元/m³，合同规定：

开工前发包人应向承包人支付合同价的 20% 预付款；

发包人自第一个月起，从承包人的工程款中，按 5% 的比例扣留保修金；

当实际工程量超过估算工程量 10% 时，可进行调价，调整系数为 0.9；当实际工程量不足估算工程量 10% 时，可进行调价，调整系数为 1.1；

根据市场情况规定价格调整系数平均按 1.3 计算；

工程师签发月度付款最低金额为 14 万元；

预付款在最后两个月扣除，每月扣 50%。承包人每月实际完成并经工程师签证确认的工程量如下表所示。

月 份	1 月	2 月	3 月	4 月
工程量（m³）	700	900	600	500

求预付款、从第一个月起每月工程量价款、工程师应签证的工程款、实际签发的付款凭证金额各是多少?

6. 头脑风暴法的练习:将同学分成四组,每组分别找到动物、植物、颜色、数字对应的歌曲并唱出这首歌中包含关键词的两句话,不断循环往复,不能接上的退出,直至最后一组获胜。

7. 头脑风暴法的练习:运用头脑风暴法列出在工程实施过程中哪些情况下会产生索赔? 索赔的具体依据有哪些?

8. 逻辑思维练习:根据目前所知,最硬的矿石是钻石,其次是刚玉,而一种矿石只能用与其本身一样硬度或更硬的矿石来刻痕。

如果以上陈述为真,以下哪项所指的矿石一定是可被刚玉刻痕的矿石?

(1) 这种矿石不是钻石。

(2) 这种矿石不是刚玉。

(3) 这种矿石不是像刚玉一样硬。

A. 只是(1)。   B. 只是(3)。

C. 只是(1)和(2)。   D. 只是(1)和(3)。

9. 逻辑思维练习:一个心理健康的人,必须保持自尊,一个人只有受到自己所尊敬的人的尊敬,才能保持自尊;而一个用"追星"方式来表达自己尊敬情感的人,不可能受到自己所尊敬的人的尊敬。

以下哪项结论可以从题干的断定中推出?

A. 一个心理健康的人,不可能用"追星"的方式来表达自己的尊敬情感。

B. 一个人如果受到了自己所尊敬的人的尊敬,他一定是一个心理健康的人。

C. 没有一个保持自尊的人,会尊敬一个用"追星"方式表达尊敬情感的人。

D. 一个用"追星"方式表达自己尊敬情感的人,完全可以同时保持自尊。

10. 根据第3章案例分析第3题:

(1) 列出案例中的关键词并基本完整地陈述。

(2) 根据该案例运用头脑风暴法开发创造性设想,列出承包人解决问题或降低损失的思路。

拟订谈判方案

关键知识点：制定谈判方案的要求、谈判程序的建立、谈判过程中的协调和控制、谈判策略和技巧、谈判人员的准备、谈判地点的选择、谈判场景的选择与布置、模拟谈判。

主要技能：能拟订谈判方案、能进行模拟谈判。

教学建议：各知识点的传授尽量多地采用案例教学法和实例法，促使学生灵活掌握所学知识，提高学生解决实际问题的能力。教师应注重对学生思维能力的培养。

2.1　制定谈判方案的要求

为了有效地组织和控制谈判活动，使其既有方向又能灵活地左右复杂的谈判局势，必须在谈判之前制定出一套考虑周全的谈判方案。对于谈判方案的制订，有以下要求：

2.1.1　简明

首先谈判方案要以高度概括的文字加以叙述，要尽量使谈判人员在头脑中对谈判问题留下深刻的印象，容易记住其主要内容与基本原则，在谈判中能随时根据方案要求与对方周旋。一次谈判所涉及的问题可能是多方面的、复杂的，要对所要解决的问题进行归纳总结，找出关键所在，确定解决关键问题的基本原则和谈判底线，使谈判人员不至于忘了主要的谈判目的，失去方向和谈判的主线而纠缠于非主要问题的商谈。

2.1.2　具体

指以谈判的内容为基础，具有可操作性。谈判总目标应该细化成若干个分目标或子目标，环环相扣、首尾呼应。总目标应分解成阶段性目标、子目标、重点目标，以及根据谈判对手的情况确定具体的谈判策略，将具体目标的执行落实到各个谈判人员，使谈判人员明确自己具体的谈判任务，全力熟悉和解决这一项或几项任务，最后取得总目标的实现。

2.1.3　灵活

指在谈判过程中能够灵活机动地运用方案。谈判方案是单方的主观设想，而谈判的情况却是复杂多变的，方案不可能把各种随机因素都估算在内。所以在制定谈判方案时，对可控因素和常规事宜可以安排得详细一些，对无规律的事项可安排得粗些，便于在谈判中灵活掌握。例如，谈判目标可以有几个供选择，谈判指标可以有上下浮动的余地，还可以实施备用方案。对于谈判中出现的非预见性情况，主谈可以灵活改变谈判策略，修改谈判阶段性目标，也可申请休会，以便己方开会商议，如果情况变化较大，原来预定的谈判方案不可能实现，要及时汇报公司高层获得最新指示然后再行谈判，不能擅自修改原则性目标。如果公司也不能及时分析和提出新的方案，可暂停谈判，延期做好准备再行谈判。

2.2　谈判方案的拟订

2.2.1　谈判程序的建立

谈判是一个严谨、有序的过程，若想在谈判中取胜，必须经过前期的运筹帷幄。谈判程序的建立，即建立谈判的目的和议程。

首先，是目的的建立。

目的即谈判的目的、目标，也是谈判双方各自确定的期望水平。在谈判的整个过程中，从策略的选择、方案的准备以及谈判的一系列其他工作，都是以谈判目标为依据，为总目标的实现服务的，必须认真而谨慎地考虑。

谈判目标通常分为三个层次：

（1）最低目标

最低目标是谈判者在做让步后必须保证达到的最基本的目标，是谈判成功的最低界限，即谈判的界点目标，它是一个点，对己方来说，如果达不到这个目标，宁可谈判破裂也不能降低这一标准。因此，最低目标是一个限度目标，是谈判者必须坚守的最后一道防线，显然，它是谈判者最不理想的目标或最不愿接受的目标。

（2）可以接受的目标

可以接受的目标是谈判人员根据各种主、客观因素，经过对谈判对手的全面估价，对己方利益的全面考虑、科学论证后确定的目标。如果最低目标是一个点的话，可以接受的目标则是一个区间范围，己方可努力争取或作出某些让步，经过讨价还价，争取可接受目标的实现。可接受目标是谈判者期望实现的目标。

（3）最高期望目标

最高期望目标是对谈判者最有利的一种理想目标，实现这个目标将最大化地满足己方利益。当然，己方的最高期望目标亦是对方最不愿接受的条件，因此，很难实现。因而，它一般是可望而不可及的理想目标，很少有实现的可能性。它也是一个点，如果超过这个点，谈判者往往要冒着破裂的危险。在谈判时，最高期望目标可以作为报价的起点，有利于在讨价还价中使己方处于主动地位。

谈判目标的确定是一个非常关键的工作，在订立谈判目标时应注意以下几方面的问题。

（1）应具有实用性。实用性要求，谈判双方要根据自身的实力与条件制定切实可行的谈判目标，否则任何谈判的协议结果都不能实现。

（2）具有合法性。合法性要求制定谈判目标要符合一定的法律准则和道德规范。

（3）谈判目标要有一定的弹性。定出上、中、下线目标，根据谈判实际情况随机应变，调整目标。另外，所谓最高期望目标不仅有一个，可能同时有几个目标，在这种情况下，就要将各个目标进行排队，抓住最重要的目标努力实现；而其他次要目标可作为让步，降低要求。

（4）己方最低限度目标要严格保密，绝对不可透露给谈判对手，而使己方处于被动。

其次是议程的建立。议程即谈判计划，它为谈判会议的有序进行提供必要的导向，避免会滋生不必要的争论或局面失控。谈判议程的安排对谈判双方非常重要，谈判议程安排的本身就是一种谈判策略，应高度重视这项工作。谈判议程一般要说明谈判时间的安排和谈判议题的确定。

（1）时间的安排

时间安排即确定谈判在什么时间举行、时间的长短，如果谈判需要分阶段还要确定分为几个阶段、每个阶段所花费的大约时间等。谈判时间的安排是议程中的重要环节。如果谈判者没有时间概念，讨论就会形成自流和拖延，该作小结的不作小结，该下结论的不下结论，该控制的不控制，任其自由发展。那么，谈判的时间将会长得多，而且会导致精神不集中，松散疲沓，甚至使谈判流产。

在谈判准备过程中，有无时间限制，对参加谈判的人员造成的心理影响是不同的。如果谈判有严格的时间限制，即要求谈判必须在某段时间内完成，这就会给谈判人员造成很大的心理压力，那么他们就要针对紧张的谈判时间限制来安排谈判人员、选择谈判策略。如果时间安排得很仓促，准备不充分，会使己方心浮气躁，不能沉着冷静地在谈判中实施各种策略；如果时间安排得拖延，不仅会耗费时间和精力，还会增添谈判成本，而且随着时间的拖延，市场和各种因素都会发生变化，会导致错过一些重要机遇，或造成更大的障碍。

谈判中的时间因素还有一个重要的含义，即谈判者对时机的选择。时机选得好，有利于自己在谈判中把握主动权；相反，时机选择不当，则会丧失原有的优势，甚至会在一手好牌的情况下最后落得败局。

1）谈判议程中的时间策略

① 合理安排好己方各谈判人员发言的顺序和时间，尤其是重要问题的提出，应选择最佳的时机。

② 对于谈判中双方容易达成一致的议题，应尽量在较短的时间里达成协议，以避免浪费时间和无谓的争辩。

③ 对于主要的议题或争执较大的焦点问题，最好安排在谈判的中间段提出来，这样双方可以充分协商、交换意见，有利于问题的解决。

④ 在时间的安排上，要留有机动余地，以防止意外情况发生。但时间也不宜过长，否则会使谈判进程节奏过于缓慢而影响效率。

2）确定谈判时间时应注意的问题

① 谈判准备的程度，应有充裕的时间保证谈判的充分准备。

② 谈判人员的身体和情绪状况，在时间安排上应做适当的考虑。

③ 谈判议题的需要。谈判的议题有不同的类型，对于多项议题的大型谈判，所需时间相对较长，应对可能出现的问题做好准备。对于单项议题的小型谈判，应速战速决，力争在较短时间达成协议。

④ 谈判事项的紧迫程度。

⑤ 谈判对手的情况。在时间安排上考虑对手的情况，才能合作愉快，达成双方满意的协议。

（2）确定谈判议题

谈判议题就是谈判双方提出和讨论的各种问题。确定谈判议题首先要明确己方要提出哪些问题、讨论哪些问题。要把所有问题全盘进行比较和分析：哪些问题是主要议题，列入重点讨论范围；哪些问题是非重点问题，列入其次；哪些问题可以忽略，这些问题之间是什么关系，在逻辑上有什么联系。还有预测对方要提出哪些问题，哪些问题是需要己方认真对待、全力以赴去解决的，哪些问题是可以根据情况做出让步的，哪些问题是不予讨论的。

谈判双方在谈判程序问题上的一致性是至关重要的。双方首先就谈判程序达成共识，才能据此进一步做好谈判的各项工作，促使谈判的顺利进行。程序方面的问题往往都是事先通过传真或文函联系确认的。当然，在谈判过程中还会有程序问题上的修改和补充，这就要在事先限定的谈判范围内商讨和灵活掌握了。

2.2.2 谈判过程中的协调和控制

（1）谈判程序上协调一致，能避免双方心理上的怀疑和困惑，从会谈一开始就增强了会谈的亲切气氛，建立彼此的信任感。因此，谈判程序的协调一致是控制谈判进展的基本措施。

（2）议程和时间的协调与控制

谈判中应按照双方认可的要点逐项进行，抑制一些不相干的讨论。可以确定一个成员专门负责议程和时间的控制，及时提醒谈判各方。可以根据谈判的具体进展情况，提出策略性休会、小结，引导回到讨论的重心问题等技巧，提高谈判的效率和质量。

2.2.3 谈判策略和技巧

策略是为实现战略任务而采取的手段，是战略的一部分，是全局和局部，长远利益和当前利益之间的关系。技巧是一个谈判者具有灵活引用策略的熟练技能。常用的策略和技巧除了上文提到的之外，还有以下方法：

（1）先让对方开口的策略

让对方先表明所有要求，己方先按兵不动，隐藏住自己的观点。弄清楚对方的要求以后，根据对方提出的重要问题进行交涉，争取对方让步。在技巧上，可以在非原则性的问题上，做一些让步，以使对方获得心理上的平衡，注意让步要缓缓进行，不要过快，这样对方等得愈久，就愈加珍惜。有时不妨做些对己方没有任何损失的让步，如"这件事我会考虑一下的"，语言的诚恳和妥协也是一种让步，让对方从心理上有所缓解，或给对方留下余念。

（2）要善于拒绝

在谈判桌上，双方各自代表本公司的利益。如果感觉有必要说"不"，就应该勇敢地提出来。必须始终保持对全局有利的总体观念。每个让步都会造成己方利益的减少，不能因为不好意思就含糊不清，给己方带来意料外的损失。如果有些让步己方想反悔，也应及时地提出，重申在这个问题上不能进行让步的理由，力争挽回。如果确实不能挽回，也会给对方造成一种到底线的印象。作为谈判人员，应该清楚一切谈判在没有签字之前，都可以重新再来。拒绝对方的时候，注意措辞要礼貌、温柔，态度要诚恳，可以适当示弱，不可过于强硬，而使对方心生反感。

（3）"白脸"、"黑脸"战术

要使用"白脸"和"黑脸"的战术，就需要有两名谈判者，第一位谈判者唱的是"黑脸"，他的责任，在激起对方"这个人不好惹"、"碰到这种谈判的对手真是倒了八辈子霉"的反应，让对方在气势上受挫。而第二位谈判者唱的是"白脸"，属于温和派，使对方产生"总算松了一口气"的感觉。就这样，二者交替出现，轮番上阵，直到谈判达到目的为止。

"黑脸"只需要做到使对方产生"真不想再和这种人谈下去了"的反感便够了，不过，这样的战术，只能用在对方极欲从谈判中获得结果的场合中。当对方有意借着谈判寻求问题的解决时，是不会因对第一个谈判者的印象欠佳，而中止谈判的。所以，在谈判前，己方必须先设法弄清对方对谈判所抱持的态度，如果是"可谈可不谈"，那么"白脸"与"黑脸"战术难以达到预期效果。

（4）缓和紧张气氛

在谈判时，当问题本身颇为复杂，叫人难以启口，但却又非问不可时，通常便得使用"缓动"的技巧。说话的缓动技巧，具有防止对方发怒，使谈判得以顺利进行的作用。在谈判过程中，我们有时会不得不涉及对方痛处的问题，有时又不可避免地必须与曾是你手下败将的谈判对手再度会面。在这样的情况下，你应该如何处置呢？这里举个例子说明。假设你现在的谈判对手，在不久之前，才和你谈过一件有关工程索赔的问题，当时对方觉得双方所达成的索赔协议是合理的，但事后却愈想愈不对，愈想愈觉得是在自己不充分了解工程状况又被你诱导的情况下吃了个大亏。在这种情况下，当这位谈判对手再度与你面对面，讨论另一项工程结算价款时，必然是心不平、气不和的。所以，不论你提出的要求再怎么合理，对方一定不肯轻易地同意。他之所以不肯同意，并非是你本次提出的要求合不合理的问题，而是他已打定了主意，要弥补上一次的损失，这种损失有公司方利益的损失，还有个人的精神损失。类似这样的例子经常发生。所以，当你发现眼前的谈判对手对你心存不平时，就不得不慎重处理，小心应付。而化干戈为玉帛的最好方式，便是一开始便诚恳、开门见山地向对方提出解释，将自己的姿态放低，以消除其蓄积于心中的不满与怨气，让一切能重新开始。也许你可以这么说："上一次工程索赔的事已经过去了，现在想来，我确实有些抱歉，不过……"。接着便要设法让对方明白，自己这样做也是有难处的，是事出有因，是不得已而为之，以消除对方心中的怨恨不平。遇到这样的情况，解除对方的心理敌对情绪，是此次谈判必须先解决的问题，如果避而不谈，当做什么事情都没有发生过一样，那么，此次谈判是难以正常进行的。

（5）文件战术

【案例 2-1】　有这样一个案例：一家金融公司举行董事会议，12 位董事围坐在椭圆形的会议桌前激烈地讨论着。有 11 位董事面前摆着纸和笔，而第十二位董事除了纸笔外，还堆满了一叠叠的文件资料，每一叠几乎都厚达 10 厘米。董事们对该次会议的中心议题——有关公司经营方针的变更，均踊跃发言，各抒己见，一时之间，争论四起，难达结论。在争论当中，那位携带了大批文件资料的董事，却一直保持沉默，而每一位起来发言的董事，都会不约而同地以充满敬畏的眼光，向那堆文件资料行注目礼。待在座人士都发言过后，主席遂请那名似乎是有备而来的董事说几句话。只见这位董事站起来，随手拿起最上面的一叠资料，简要地说了几句话，便又坐了下来。之后，经过一番简短的讨论，11 名董事均认为那最后发言的董事"言之有理"，而一致同意他的意见，纷乱而冗长的争论终告结束。散会之后，主席赶忙过来与这位一锤定音的董事握手，感谢他所提供的宝贵意见，同时也对其为收集资料所下的功夫表示敬意。

然而，这位董事却说："什么？这些文件资料和今天开的会根本是两回事嘛！这些东西是秘书整理出来的，先交给我看看，如果没有保存的必要，就要烧毁了。而我正打算开完会便外出度假，所以顺便把它们也带到了会场。至于我发表意见时手上拿的字条，不过是刚刚边听各位发言边随手记下的摘要。老实说，对这一次的会议，我事前根本就没做什么准备。"

可见，这是一次有趣的误会。从这个案例，我们感悟到：形式有时候能达到比内容还要重要的作用。这位董事是在无意中用到了"文件战术"，而获得了意想不到的效果。

在谈判中，谈判者可以有意识地运用"文件战术"来增加己方谈判筹码。在谈判时若要使用"文件战术"，那么，你所携带的"工具"，也就是各种文件资料，一定要与谈判本身有关。如果你带了大批与谈判无关的资料前去谈判，想"混"的话，一旦被发现，谈判信用便将破产，而我们知道，谈判信用一旦失去，便将再难挽回，也无法弥补了。因此，在谈判时，你必须千万小心，绝对不要为图一时之便，而犯下招致"信用破产"的错误，使己方陷入极其被动和不利的局面。

"文件战术"的效果，多半产生在谈判一开始，也就是双方隔着谈判桌一坐下来时。为什么呢？试想，如果等谈判已进行至某一阶段，才突然搬出大批文件资料的话，对方能不起疑吗？携带大堆文件资料前往谈判的目的，是要让对方知道自己事前的准备有多么周到，对谈判内容的了解又是何等的深入。但如果中途才搬出大批文件资料，对方很可能会认为你有不善意的企图，提出超出己方预期之外的要求，从而充满了紧张感，影响和谐友好的谈判氛围。

其次要注意的是，一旦采用了"文件战术"，就要有始有终，在每一次的谈判中，都不要忘了把所有的文件资料带在身边，否则，将会引起对方的怀疑，甚至蔑视。

当谈判已进行至某一阶段，所有重要的问题均已谈妥，仅仅剩下两三个次要问题时，就可以结束你的"文件战术"了。不过，在撤走所有的文件资料之前，还是有必要向对方提出说明"重要的问题都谈过了，这些资料已经用不着了"，以免令人起疑。还有，如要谈判场所改变，使你不方便携带大批文件资料前往时，也必须向对方照会一声"那些东西实在太笨重了，带起来不方便"。总之，当你觉得再也没有必要使用"文件战术"时，不管理由为何，最重要的，是不要使对方心生疑窦。

（6）期限效果

从统计数字来看，我们发现，有很多谈判，尤其较复杂的谈判，都是在谈判期限即将截止前才达成协议的。谈判若设有期限，那么，除非期限已到，不然的话，谈判者是不会感觉到什么压力存在的。当谈判的期限愈接近，双方的不安与焦虑感便会日益扩大，而这种不安与焦虑，在谈判终止的那一天，那一时刻，将会达到顶点——这也正是运用谈判技巧的最佳时机。

当你的谈判对手在无意中透露一个"截止谈判"的期限来，譬如"我必须在一个小时内赶到机场"、"再过一个小时，我得去参加一个重要的会议"，这样的"自我设限"，不正给了你可乘之机吗？在这种情况下，你只需慢慢地等，等着那"最后一刻"的到来便行了。当距离飞机起飞或开会的时间愈来愈近，对方的紧张不安就会愈来愈严重，他希望尽快达成协议。此时此刻，不慌不忙地提出种种要求："怎么样呢？我觉得我的提议相当公平，就等你点个头了，只要你答应，不就可以放心地去办下一件事了！"由于时间迫切，对方很可能便勉为其难地同意你的提议，不愿再进行争执。当然，己方所提出的要求，必须是较为合理，对方可以接受的。如果提出的要求是对方坚决难以接受的，对方有可能会放弃这次的谈判，而考虑进行延期处理。这个度的问题，己方要给予好好地把握。

以上所举的，是谈判对手为自己设定了一个不利于己的期限的例子。这也是想同时提醒你，千万不要犯了相同的错误。

在谈判时，不论提出"截止期限"要求的是哪一方，期限一旦决定，就不可轻易更改。所以，无论如何，你都必须倾注全力，在期限内完成所有准备工作，以免受到期限的压力。如果对方提出了不合理的期限，只要你抗议，期限一般是可以获得延长的。不过，若对方拒绝了你延长期限的提议，或者自认为所设定的期限相当合理的话，那会有一些麻烦。在这种情况下，你惟一能做的，就是加倍努力，收集资料，拟订策略，如果还一味地因对方的"不讲理"而生气，以致浪费了原本有限的时间，这就落入对方的圈套了。

（7）策略休会

在谈判过程中出现低潮、遇到障碍或陷入僵局时，为缓和紧张气氛可提出休会，避免矛盾和冲突进一步发展。例如，在谈判中因为对某一个技术问题，双方有较大的意见分歧，从技术层面的争执逐渐转化为含有人身攻击的语言，讥讽对方的学识、资历、毕业院校的水平等。那么，为了避免矛盾进一步地发展恶化，可提出休会，待双方情绪缓解和控制好以后再进行谈判。

（8）拖延战术

如果谈判对方急于求成，可以采用拖延策略，使对方更加焦躁不安，从而使本方获得更大利益。在很多情况下，发包人都是采用这种置之不理的拖延战术，使得承包人放弃一些应得利益而妥协。

（9）苛求策略

指预先提出比较苛刻的条件，然后在谈判中逐渐让步的策略。心理学研究显示，从对方提出的苛刻条件演变到自己能够接受的条件，这样一个在谈判中对方不断让步的过程，会使得人的心理得到较大的满足，促使谈判成功。但要注意，苛求的条件要适度，否则，可导致谈判中止甚至破裂。在运用时可辅以红白脸策略，则更加灵活奏效。

（10）第三方调停

当谈判出现严重分歧或陷入僵局时，借助领导、朋友或机构出面调停，可能会缓和矛盾或突破僵局。人是具有社会性的高级动物，任何一个人都生活在一张由亲情、友情、事业人情等组成的关系网中。一个在谈判中难以解决的严重分歧，在双方都感觉到不愿意再进一步地妥协和退让的时候，第三方调停可能会是一个行之有效的方法。通过双方共同认同的领导、朋友、机构等出面协调，双方可能会看在这分人情的份上做出进一步的让步，有利于谈判的达成。

（11）场外谈判

在谋求解决正常谈判形式未能解决的难题时，通过安排在谈判双方高层领导之间进行私下接触或秘密商谈，从而达成某种妥协、谅解或默许，推动正常谈判取得突破性进展。这种谈判形式从表面看是私密的、温情的，似乎更像一个私人的约会。双方高层在友好的、休闲的氛围中商谈，最后就关键问题达成一致意见。

（12）声东击西

在谈判过程中有意识地将会谈议题引导到不重要的问题上，分散对方对主要问题的注意力，实现自己意图的一种策略。

（13）激将法

利用迎合对方心理需要或抬高对方身价地位等有关言词或用反话刺激对方，达到自己目的的一种策略。

此外，还有适时反击、攻击要害、金蝉脱壳、扮猪吃虎、疲劳战术、临阵换将、出其不意、欲擒故纵等策略技巧。策略技巧是在实战经验中不断总结出来的，方法不是一成不变的，要学会灵活运用还要假以时日才能熟练地掌握。

【案例 2-2】 某区政府大楼工程为 12 层框架结构，通过招标的方式确定施工单位。投标方有四家，其中 K 公司是该区惟一一家参与投标的施工企业。K 公司处于某种原因，对此工程势在必得，几乎是按照成本价进行投标报价。K 公司顺利中标，但是显然取得该项目对 K 公司而言，是一场荣誉的胜利，工程本身几乎是没有什么利润的。在施工过程中因为工料价格的上涨及施工方的管理原因，此工程已经是亏损工程。

在工程主体竣工后，建设方要求撤掉顶层第 12 层的混凝土隔板，将 12 层及 13 层夹层并为一层。施工方项目部经过计算，新增工程价款为 5.7 万元。

如果按照 5.7 万元计价，施工方将会加大亏损额。公司项目经理一筹莫展，向公司总部汇报了这一情况。公司分管经营的副总经理会同公司有关技术人员开会商议，认为可以在计算这部分变更工程的工程款时，加上多项措施费来增加工程价款，分别计算了脚手架费；高层建筑施工增加费；垂直运输机械、大型机械进出场及安装撤除费；安全施工费；文明施工费等，工程价款为 28 万元。

公司副总经理带上公司预算人员、施工组长到建设方谈判，建设方提出有些措施费在原工程中已经考虑，不应再重复计算。施工方陈述了本方当初投标报价时的具体情况，以及在施工过程中工料价格涨价的客观原因，尽管根据合同规定，涨价的幅度属于施工方自己应该承担的风险，但是事实是该工程施工方确实是亏损了。鉴于此，请建设方酌情考虑此次增加新工程的工程款能在合理的情况下适当多考虑一些。

建设方经过对该预算的反复审核，鉴于双方友好的合作关系，考虑到投标时施工方的报价确实没有利益可图，认可了部分措施费，认定工程款为 12 万元。

但是施工方计划利用此次新增工程的契机来弥补整个工程的亏损，12 万元是不能弥补亏损的。施工方一直未能同意该价款，也未实施此新增工程。

随着时间的推移，施工方决定采取最后的策略。施工方提出，本方的大型机械及脚手架将全部撤出，若建设方还是不能确定合理的工程款，那么就请建设方请其他的施工单位完成。建设方经过预算，若请其他的施工单位，各项费用计算下来需要近 30 万元，因为存在工程交叉施工的合作问题，工程价款又不高，其他施工单位还不一定愿意来做。同时施工方取得了高层的同情，通过第三方调停的策略，最后工程价款确定为 22 万元。

施工方凭借丰富的施工和谈判的经验，通过各种灵活的策略，成功地取得了谈判的胜利，使得一个亏损工程得以弥补亏损并获得少量的利润。

2.2.4　人员的准备

谈判是谈判主体间一系列的行为的运动过程，谈判者素质的高低影响到谈判的成败得失。除了企业本身的实力信誉之外，谈判班子的组成和谈判人员的分工及配合是谈判取得成功的重要因素。

谈判人员的选择标准：

(1) 基本素质：政治素质(包括思想觉悟、道德品质、价值观、法律意识等)、业务素质(基础知识、专业知识、语言表达、判断分析、谈判策略运用等能力)、心理素质(工作责任心、自控能力、协调能力等)、文化素质(具有高雅的情趣，注重仪表和形象)。

(2) 知识结构：商务基础知识、专业知识、法律法规方面的知识以及哲学、心理学、政治经济学、市场学、艺术学、行为学和其他相关知识。优秀的谈判人员应是知识面宽广、一专多能的人才。

(3) 能力结构：协调能力、表达能力、良好的心理调控能力和分析应变能力、学习及创新能力。

(4) 年龄结构：根据具体情况，分析选择年龄结构适合的谈判者。

谈判组织的构成：

谈判的规模、内容、难易程度不同，谈判班子的构成也多种多样。根据谈判人员在谈判中所起的作用，谈判班子可由负责人、主谈人和辅谈人组成；而从技能角度看，谈判班子可包括技术人员、财务人员、法律人员及其他人员构成。在谈判人员的配备上，有可能的话还要兼顾各组员性格上的相互互补，如暴躁型、忧郁型、活泼型、黏液型的性格，均有其不同的优劣，良好的组合能充分发挥每个人的特长和整体配合的优势。一个高效的谈判小组，其总人数一般不要超过5 人。

选择谈判人员的方法：

(1) 跟踪经历法。是对欲选用的人才在较长时间内的情况进行跟踪，如工作经历、工作业绩、受教育情况、社会评价、谈判技能、性格特征等情况。

(2) 谈话法。通过与欲选用的人才进行语言交流，了解被选者的语言表达能力、应变能力和驾驭谈判的能力及心理特点。

(3) 观察法。是观察被选者日常的言行、表情、对环境的适应力、工作能力和驾驭能力，尤其是在一些典型事件发生时被选者处理事件的能力。

(4) 谈判能力测验法。是根据预先准备好的测验内容，以答卷的形式进行的评分，检测被选者的谈判能力和心理特点。

在谈判人员的选择上，应注意挑选素质高、一专多能的优秀人才。

2.2.5 谈判地点的选择

谈判的地点涉及谈判的环境心理因素，对谈判效果有一定的影响，有利的地点、场所能增加己方的谈判地位和谈判力量。谈判地点可根据情况选择主座、客座、主客座轮流、主客场地以外。

（1）在己方谈判（主座）

人类是一种具有领域感的动物，其才华的发挥、能力的释放与自己所处的环境密切相关，在己方谈判的优势表现在：在谈判者自己的领地谈判，地点熟悉，具有安全感，心里态势较好，信心十足；谈判者不需要耗费精力去适应新的地理环境、社会环境和人文环境，就可以把精力集中运用于谈判；在谈判中人员的沟通较方便，可以随时向高层领导和有关专家请教，获取所需资料和指示；利用东道主的身份，可以通过安排谈判之余的各种活动来掌握谈判进程，从文化习惯上、心理上对对方产生潜移默化的影响，处理各类谈判事务比较主动；谈判人员免除了车马劳顿，可以以饱满的精神和充沛的体力去参加谈判，并可以节省去外地谈判的差旅费，降低谈判成本，提高经济效益。

对己方的不利因素表现在：在己方公司所在地，不易与公司工作彻底脱钩，经常会有一些公司事务分散谈判人员的注意力；离高程领导近，联系方便，会产生依赖心理，一些问题不能自主决断，而频繁地请示领导也会造成失误和被动；己方作为东道主负责安排谈判会场以及谈判中的各项事宜，要负责对客房人员的街道工作，安排宴请、游览等活动，所以己方负担比较重。

一般来看，在己方地点谈判获胜的可能性会大一些。尤其在谈判双方地位明显不平衡时，通过己方对对方的热情款待，会缓解对方的傲慢情绪，使对方不会过分侵犯东道主的利益，增加谈判成功的可能性。

（2）在对方地点谈判（客座）

在对方地点谈判，对己方的有利因素表现在：己方谈判人员远离家乡，可以全身心投入谈判，避免主场谈判时来自工作单位和家庭事务等方面的干扰；在高层领导规定的范围，更有利于发挥谈判人员的主观能动性，减少谈判人员的依赖性；可以实地考察一下对方公司的情况，获取直接信息资料，己方省去了作为东道主所必须承担的招待宾客、布置场所、安排活动等事务性的工作。

对己方的不利因素表现在：与公司本部相距遥远，某些信息的传递、资料的获取比较困难，某些重要问题也不易及时磋商；谈判人员对当地环境、气候、饮食等方面会出现不适应，再加上旅途劳累，会使谈判人员身体状况受到不利影响；在谈判场所的安排、谈判日程的安排等方面处于被动地位；己方也要防止对方过多的活动安排而消磨谈判人员的事件和精力。到对方地点去谈判必须做好充分的准备，比如明确领导的意图要求、谈判的目标范围、准备充足的信息资料、组织好班子等。

（3）在双方所在地交叉谈判（主客座轮流）

这种谈判的好处是对双方都是公平的，也可以各自考察对方实际情况。各自都担当东道主和客人的角色，对增进双方相互了解、融洽感情是有好处的。它的缺点是这种方式谈判时间长、费用大、精力耗费大，如果不是大型的谈判或是必须运用这种方法谈判，应少用。

(4) 在第三地谈判(主客场地以外)

在第三地谈判对双方的有利因素表现在：在双方所在地之外的地点谈判，对双方来讲是平等的，不存在偏向，双方均无东道主优势，也无作客他乡的劣势，策略运用的条件相当。

对双方的不利因素表现在：双方首先要为谈判地点的确定而谈判，而且地点的确定要使双方都满意也不是一件容易的事，在这方面要花费不少时间和精力。第三地点谈判通常被相互关系不融洽、信任程度不高的谈判双方所选用。

2.2.6　谈判场景的选择与布置

(1) 谈判场地的选择

谈判场景的选择与布置可以直接影响谈判者的才智发挥，提高谈判的效率。谈判场地应满足以下几方面要求：

① 谈判场所应在交通、通信方便之地，便于有人员往来，便于双方与总部的联系。

② 谈判场所应宽敞、舒适，具有良好的通风和采光条件。

③ 谈判场所应布置得幽雅、庄重，具有较高的文化品位。

④ 谈判场所应相对比较安静，避免外界干扰。

⑤ 谈判场所应配备必要的办公设施，如电脑、打字机、投影仪、录像设备、传真机等，便于双方人员及时处理文件。

(2) 谈判座位安排

谈判场所的布置及座位的安排是检验谈判人员素质的标准之一，谈判室的布置往往是给客人的一个印象，有些人会根据谈判室的布置状况去判断住房对本次谈判的重视程度和诚意。所以谈判会场的布置与座位的安排，还可能会影响到谈判的成败。

谈判座位一般宾主双方相对而坐，各自的组织成员坐在主谈者的两侧，以便交换意见，加强团队的力量。谈判座位的安排若以正门为准，主人应坐背门一侧，客人则面向正门面坐，其中主谈人居中。若谈判长桌一端向着正门，则以入门的方向为准，右列为客方，左为主方。

为了接待工作的方便，客方应将参加人员的名单、职务等告知主方。作为主方，在会场要安排足够的座位，必要时准备好麦克风，事先放置好座位卡等。

总之，谈判场景的选择和布置要服从谈判的需要，要根据谈判的性质、特点、双方之间的关系、谈判策略的要求而决定。

2.2.7　模拟谈判

对一些大型谈判或重要的谈判往往要像演戏一样，进行临场的排练，即模拟谈判。所谓模拟谈判，就是将谈判小组分为两组，由一方实施本方的谈判方案，另一方以对手的立场、观点和谈判风格为依据，进行实战操练。在模拟谈判时，还可分别扮演谈判双方假戏真唱，真正进入角色，并发挥想象力和创造力，发现问题、分析问题，提出各种所能想象到的问题，让这些问题来难为自己，然后找到解决这些难题的方法，从而充实谈判方案。

模拟谈判的作用：

模拟谈判的作用主要表现在：(1)模拟谈判能使谈判人员获得一次临场的操练实践，经过操练达到整合队伍、锻炼和提高本方协同作战能力的目的。(2)在模拟谈判中，通过相互扮演角色会暴露本方的弱点和一些可能被忽略的问题，以便及时找到出现失误的环节及原因，使谈判的准备工作更具有针对性。(3)在找到问题的基础上，及时修改和完善原定的方案，使其更具实用性和有效性。(4)通过模拟谈判，使谈判人员在相互扮演中，找到自己所充当角色的比较真实的感觉，可以训练和提高谈判人员的应变能力。

模拟谈判的主要任务：

(1)检验本方谈判的各项准备工作是否到位，谈判各项安排是否妥当，谈判的计划是否合理。

(2)寻找本方被忽略的环节，发现本方的优势和劣势，从而提出如何加强和发挥优势、弥补或掩盖劣势的策略。

(3)准备各种应变对策，在模拟谈判中须对各种可能发生的变化进行预测，并在此基础上制定各种相应的对策。

(4)在以上工作的基础上，制定出谈判小组合作的最佳组合及其策略等。

另外，模拟谈判还有一些具体的问题也需要确定。例如，确定暗号等。总之，模拟谈判是一种无须担心失败的尝试。通过模拟谈判可以启发和开阔人们的视野，有可能将预演中的弱点变为真实谈判中的强点。通过总结不但可以完善本方的谈判方案，从而将丰富本方在消除双方分歧方面的建设性思路，有助于寻找到解决双方难题的途径。

复 习 思 考 题

一、简答题

1. 谈判方案有什么作用？制定谈判方案有哪些要求？

2. 如何建立谈判程序？

3. 谈判地点的选择对谈判有什么影响？

4. 怎样选择谈判人员？

二、案例分析：

1. 根据以下背景材料制定一份谈判方案

甲方：某地水利局　　乙方：虹桥建筑公司

背景：现有一改造工程，合同上第一部分的协议书第三条，合同工期的约定如下：

　　开工日期：06.9.23；

　　竣工日期：07.3.22；

　　合同总工期为180天。

　　在合同的补充条款上说明：中标价的2%作为工期保证金，工程竣工日每推迟一天扣罚5000元，超过10天加倍罚金，直至扣完工期保证金。

　　工程实际动土开挖并经建设单位同意确定06年11月5日为开工日期，如果照此合同约定的天数就应该必须在07年5月4日为竣工日期，也就是180天的工期。但是在11月5日后开工的期间，一直由于地方农民阻碍施工，造成工程时断时续，农民之所以阻碍施工的原因是由于建设单位对当地村民的场地租金赔付不到位引起的，所以工程至07年5月20日都未竣工。估计要到9月份才能完全竣工。那么承包人是无法按照双方约定的工期按时竣工的，可能会被甲方处以罚金。当然，承包人可以进行索赔停工费用，但是索赔的费用显然远远低于违约工期的罚金。

　　根据此案例，请你为乙方拟订一份谈判方案。

　　(1) 设计谈判人员组成(应包括哪些人，他们的职责、分工及注意事项)；

　　(2) 谈判的时间(选择什么时间、时机及应注意的问题)；

　　(3) 谈判的期限(规定最长期限、为什么要规定谈判日期)；

　　(4) 谈判的地点(应注意的问题，例如环境、场次、座次)；

　　(5) 谈判内容的制定：谈判的利益目标、谈判资料的收集、谈判策略的应用。

　　2. 有一栋6层楼的商住楼工程，承包人建完5层后，接到工程师出具的变更通知，要求对第6层的房屋户型进行修改，将大户型改为小户型住宅。承包人接到通知和修改后的新图后，重新修改了施工方案，对人员、施工材料、施工机械做了相应的调整，新增工程增加工程造价15万元。而因为这次的图纸变更，造成承包人的施工工期延长，施工机械不能按计划转移到另外一个工地使用，影响了那个工程的正常施工安排。同时由于人工和材料用量都超出了最初的计划，导致承包人花费了高于合同价的价格雇佣工人及购买材料，由于这些原因，承包人费用增加了4万元。

　　问：(1) 工程量增加带来的费用增加和工期延长，承包人应如何索赔？

　　(2) 设计谈判方案。

　　(3) 试根据以上案例分演不同的角色进行模拟谈判。

工程实施过程中的结算谈判

关键知识点： 如何建立良好的谈判氛围、工程实施过程中经常发生的谈判事项有哪些、谈判所涉及的事项其责任归属是如何划分的、怎样在谈判中合理运用合同条款和策略维护己方的合法权益。

主要技能： 能够正确识别工程实施过程中经常发生的谈判事项，并能够分析这些谈判事项产生的原因和双方应承担的责任。

教学建议： 本章主要采用提问法、讨论法和案例分析法进行教学，如果教师在谈判场景的设置和学生角色扮演上能够有相应的创新，会产生更好的教学效果。

3.1　建立有利于谈判的环境和氛围

当项目进入工程实施过程以后，谈判主要将在承包人的工地代理人即项目经理和受发包人委托的监理工程师之间进行。而这些人往往在以前的项目招标、投标和签订合同过程中，也参加了发包人、咨询单位和承包人之间的谈判，他们本身就是谈判小组的成员，现在成了实施过程中经常沟通、谈判的双方代表。同时，随着项目的进展，一些专家、分包商、供应商和服务商等会陆续参加到谈判中来，再加之一个大型工程项目从准备、修建、竣工往往需要 3～5 年，甚至更长的时间，其间的谈判次数将数不胜数，所以有必要从项目实施一开始就建立起良好的谈判环境和气氛。怎样从项目一开始就建立起良好的谈判环境和气氛呢？根据以往的经验教训，要注意做好以下两项工作：

3.1.1　建立双方关系的正确导向

项目开始实施后，由于各部门各单位的介入，权力和职责将重新再分配。在此之前，发包人是主宰者，承包人是竞争者。现在权力重新再分配，参与各方都是在同一个项目里相互关联的合伙人了。过去谈判的内容都是未来将要发生的或假设要发生的事，现在谈判的内容则是项目中已经存在或已经发生了的事，大家同为在合同承诺条件下达成最佳的预期目标和赢得项目的成功而努力。这里，承包人的工地代理人即项目经理，和受发包人委托的监理工程师之间的关系就起到了主导作用。两者如果发生争论，就会影响整个关系网中的其他相关人。因此，从双方第一次会面开始，就需要建立起一个正确的导向。第一印象将对未来潜在的气氛起着关键性作用。有经验的谈判者必须从一开始见面就要建立双方关系的正确导向，不要急于讨论具体业务，更不能轻率地进行导向争论，甚至冲突。一般做法是首次见面宜在轻松的气氛中相遇。有的工程师不喜欢在办公室中约见第一次会谈，而是选在娱乐场所或其他轻松的气氛中会面并寒暄几句。即便是在办公室，也只是相互介绍并寒暄客套一番，再谈谈今后的联系和沟通办法。为了建立正确导向，在首次见面时，可以建议在安排第一次工地会议或联席会议时用较多的时间先讨论明确项目初始阶段各参与方的职责、作用和主要工作事项以及如何加强相互信任，并逐步建立起在有争论或分歧时双方都能够在开诚布公和亲切合作的气氛中谋求解决的方式，共同打好建设型谈判的基础。根据以往的经验教训，要建立正确导向并不是十分容易的，一些项目经理面对监理工程师往往从一开始就出现困扰，认为监理工程师傲慢无礼，对承包方不够尊重，于是不愿意积极地接触沟通，只有出现了问题才迫不得已去找工程师，这样就难免出现关系上的恶性循环。如果，从一开始就忙于争论和谈判履行合同，每一次见面都是面对问题和争论，那么双方的关系会是紧张的，这种不融洽的状态会为承包人留下许多本来可以避免的障碍和隐患。

另一方面，相对于项目经理来说，监理工程师处于较为优越的地位，他对于项目情况的了解和合同条款的构成更为清楚，在施工过程中，他掌握着工程款的结算权，对于承包人的建议和行动他也有权批准或拒绝。因此，项目一开始如果导向不正确，双方的相互正常关系很容易导入或退化为由监理工程师主宰承包人的地位。在这种情况下，如果监理工程师是个滥用权力者，项目经理往往成了由监理工程师任意摆布或言听计从的人。要主动设法避免这种情况的发生，并从项目一开始就建立起正确的导向。除了以上谈到的双方初次见面时需要注意点外，还要着重注意以下各点：

（1）要显示自己的实力和友好态度

这常常是赢得相互尊重的一条好经验。要在私下接触中有分寸地、实事求是地显示自己的资历和经验，让对方感到你是一位有资历、有经验、合格的伙伴，并表示在今后的工作中要向他请教和咨询。同时在生活上也关心他，使他感到你是尊重他、关心他，是一位好伙伴。从而建立起相互信任、相互尊重、共同工作的友好气氛。

项目经理对监理工程师既不能一味奉承，言听计从，也不能畏人三分，敬而远之，或是看人家不顺眼，瞧不起别人，爱答不理的，在言语上对工程师没有尊重。这三种情况都要注意避免。否则，是不能建立起双方良好的关系的。

（2）宜经常主动会面并交谈

生活的经验告诉我们，当你多次主动和诚恳地会见某人时，这个人很难对你持不友好态度，当然不是过于频繁地约见而惹人讨厌。因此，项目经理从项目开始实施，尤其是在项目初始阶段，就需要主动会见监理工程师，诚恳交谈，虚心请教并共同探讨，建立起双方友好合作的良好气氛。不要总是被动等待对方的约见，人是情感动物，如果双方只谈工作没有情感的交流，那么以后彼此就必然心存戒心，出现沟通障碍。

（3）切忌甘拜下风

工程谈判中有一条重要的经验，如果项目经理经常在监理工程师面前无原则的退避三舍，甘拜下风，忍气吞声，那么在履行合同中，双方将永远得不到平等的待遇。项目刚一开始，发包人和监理工程师就气势逼人，监理工程师频频下达工地指令和工程变更令，而项目经理如果一味地忍气吞声，言听计从，就会形成"束手就擒"的局面，导致附加工程、额外工程频频增加，不仅延误了工期，而且亏损累累。因此，承包人从项目一开始，就不能一切无原则地妥协和让步，甘拜下风。既要注意处理好双方关系，也要学会合同管理按合同条款办事，运用合同条款保护自己，必要时要据理力争。

但如果这种局面已形成，要想通过现有双方的谈判改善关系和扭转局面是十分困难的，可以试着按以下途径另找出路，谋求从困境中解脱出来。

① 如果承包人已经察觉项目经理不称职，则应尽快撤换项目经理。

② 如果承包人找不到能够应对监理工程师的项目经理替换人物时，也可设法找借口把监理工程师换掉。但是，这必须在有确切的把握时才着手，否则一旦换不掉，承包人项目经理的日后处境将更困难。一般来说，这往往需要通过特殊安排的双方相当于公司总裁一级的秘密高层谈判来解决。其把握性则有赖于双方相当于公司总裁一级之间的个人交往的友好程度。

③ 掌握监理工程师滥用权力证据的充分程度。需要对照合同条款作出有力的说明和解释。

④ 寻求双方潜在的共同利益。包括公司之间的和高层谈判之间的以及对项目现状包括进度、质量和成本的改善可能和保证。

⑤ 如果项目经理或监理工程师都无法或不具备条件替换时，往往可以采用聘用专家加强项目管理、合同管理和索赔工作的办法，不动声色地维持监理工程师主宰的局面，一方面努力加强项目管理和合同管理工作，另一方面积极收集资料和有理有力的证据，准备索赔报告和对外谈判。

3.1.2 通过"角色"谈判建立新的伙伴关系

项目开始实施后，参与各方已是捆在同一个项目里共同工作的合伙人了。这时就需要通过"角色"谈判，建立起大家新的伙伴关系，明确各自担任的角色和任务，职责和分工，达到相互密切配合和协作。往往双方关系的恶化都是从对自己担任的角色和任务有不同理解而产生的分歧开始的。如果关系双方能够为同一目标按各自的职责和分工密切配合和协作，相互理解和信任，则在产生分歧时往往会相互宽容和谅解。一旦这种配合和协作以及相互信任和理解受到某种损害，或在认识和做法上有差异或误解，双方关系就很快恶化成互相推诿、指责、甚至谩骂。但各种各样的误解是不可避免的，特别是在一些重要的、紧迫的事情处理上。由此可见，在项目实施过程中，合同双方对自己担任的角色和任务，职责和分工的看法上出现一定程度的不一致、误解和混淆也是不可避免的。出现这种情况时，谁也不会承认是在向对方故意制造困难和麻烦。事实证明，任何工作准则和规范都难以解决此类问题。为了减少在工作过程中看法上的分歧，当合作伙伴们第一次坐到一起开始工作时就需要先进行"角色"谈判。通过谈判，在相互信任和理解的基础上，对共同目标下各自担任的角色和任务，职责和分工取得一致的看法和具体安排，并在个人与个人之间，小组与小组之间树立起良好的第一印象，为长期合作打下牢固基础。一般的做法是首先建立一个核心工作小组或领导小组，小组人数视项目的大小确定。核心工作小组由来自各方的主要代表人物组成，例如发包人方和承包方的代表人物各若干人，分包商和主要供应商的代表各1人。核心工作小组主要商谈以下内容：

(1) 保证项目总体计划统一实施的联合目标以及各自的职责；

(2) 各方需要有关方协作配合的工作目标及其相应的保证措施；

(3) 各方日常通信联系的方法和具体安排；

(4) 核心工作小组的定期和不定期会议制度。

首先由各方自行讨论形成每方的要求和建议方案，由各方代表带到核心工作小组谈判会上进行讨论和交换意见，然后把会议上各方提出的相同点和分歧点带回去进行修改和补充后再带回来，在核心工作小组会上通过商谈形成统一的工作计划和设想。这样就能保证在会上统一看法，分清责任，确定目标和任务以及相互联系的方法和安排，并且在项目的关键问题和一些业务交叉问题上取得有关方的密切配合和协作。

核心工作小组会议和谈判不仅在项目开始时召开，以后还可以定期召开，也可根据工作需要不定期召开。在一些重大问题和关键问题上还可以聘请有关专家和顾问进行咨询和指导。

3.2　工程实施过程中经常发生的谈判事项

3.2.1　额外工程

工程合同在实施过程中，由于不可预见的自然因素与外界障碍的变化，原设计的考虑欠周或深度不够，以及发包人或其他第三方的干预和要求等原因，都会引起工程变更。有关变更事宜，一般都在合同中有法定规定的范围内。这里指的则是法定变更范围外的额外工程。这种额外工程往往由于双方所处的地位不同，对合同条款的理解和解释就会有所争执，需要通过谈判取得合理的解决。这就有赖于对合同条款的熟悉和理解的程度，以及能否结合实际情况合理运用合同条款来维护自己利益，同时还有赖于谈判的策略和技巧。

在谈判中首先会辩论的是额外工程的定义。由于额外工程一般都是发包人进攻型谈判行为结果的一部分，也是其策略的一部分，甚至是一种圈套。事先发包人往往是通过监理工程师以合同附加工程的名义下达变更令或工地指令给承包人，从而认为是承包人必须履行的合同义务。如果项目经理不熟悉合同条款或默认而接受，也无进行索赔的意图和要求，发包人即取得了成功。如果项目经理根据国际惯例或合同条款察觉这不是合同附加工程而是额外工程，则会立即向监理工程师递交书面文件要求调价或另签新合同，或是递交进行索赔的意向通知。不少项目经理在开展承包工程较长的一段时间内，一方面由于不熟悉国际惯例和合同条款，另一方面还由于片面地强调照顾双方关系，发展友好合作而往往言听计从或是默认，该调价的不要求调价，该索赔的不进行索赔，导致不仅延误了合同工期，面临巨额误期损害赔偿的危机，而且导致了项目的严重亏损。因此，额外工程的谈判是一项事关项目成败和效益的大事。首先，需要对额外工程的定义有个正确和合理的看法。以下按照国际惯例，援引几条重要的额外工程概念：

（1）额外工程是不属于合同规定的工程范围内的工程。

（2）额外工程不是完成合同工程所必需的工程，其性质和数量也和合同工程不同。

（3）额外工程是超出承包人按合同需要配备的工程设备能力的工程。

（4）变更的工程量和款额，已超出合同内"附加工程"按国际惯例规定的界限和范围时，应属于额外工程。

因此，发包人或受发包人委托的监理工程师都无权指令承包人做任何未在合同中列出的工程项目，即额外工程。如果发包人已责令监理工程师以口头或书面形式下达了正式指令，承包人就可以递交书面文件要求另签合同，另议价格。这样，谈判就开始了。在谈判中如果发包人又出面强行干预，更说明是一种进攻型谈判的行为。在这种情况下，承包人就需要被迫自卫和防御，并视双方关系的密切程度，在主要采用建设型谈判方式的同时，适当采用进攻型谈判，运用如同上述的有关合同条款进行说理斗争，要求签订新合同，另议价格。否则拒不接受或进行婉拒。当然，承包人出于双方友好关系和长期业务合作的愿望，在有能力并愿意接受额外工程的情况下，也可以通过建设型谈判适当妥协并照顾对方面子，不伤感情，不突出强调"非合同工程"或额外工程，要求另签新合同，而只是要求签订补充协议，另议价格，并延长工期。如果承包人已在较长的一段时间内按照指令实施了额外工程，在此过程中又从未提出过另签合同，另议价格的要求，以后再要求谈判，情况将艰巨得多。如果承包人已经自愿并主动地实施了额外工程，表明双方对以前有关额外工程的指令和来往文件已经确认生效，承包人只能默认吃亏，可能补救的措施就是疏通各种渠道，通过谈判进行施工索赔，取得工期和费用的适当补偿。

3.2.2 取消工程

取消工程是正常工程变更外对合同工程项目的取消，即取消合同规定的工程范围内的工程项目。其含义恰好和额外工程是相对应的，是额外工程的反义词，也即负的额外工程。一般都是发包人为了削减工程预算或由于某些特殊原因而取消工程的。正常变更做出的减少或省略和取消工程这两者在工程性质和数量上是显然不同的。减少或省略是指在完成工程量表列出的项目中对该项目的某些组成部分的减少或省略，例如在桥梁、涵洞项目中对某些铺砌、栏杆、冀墙等的减少或省略；在道路项目中对某些路缘石、护坡、挡墙等的减少或省略。取消工程则是对工程量表中某个项目的整体取消，例如取消全部路面工程、支线工程等。

如同对待额外工程一样，合同签订后发包人和监理工程师也是无权下达取消工程的变更令的。如果发包人和监理工程师以下达变更令的方式指令取消工程，承包人理应根据合同条款表示反对或不接受，或提出施工索赔要求，通过谈判维护承包人本身合法权益，不要无原则地或盲目地接受，导致经济损失。当然，发包人和监理工程师可以提出取消工程的要求和承包人进行商讨，如果承包人认为不致蒙受巨大经济损失，为了照顾双方长远利益，有时也可接受下来。一般来说，发包人和监理工程师在提出取消工程的同时往往会提出，相应增加另外一部分工程或承诺给予别的工程项目，以弥补承包人的经济损失。由于取消工程的谈判是发包人和监理工程师有求于承包人，在谈判中承包人处于有利地位，此时，发包人或监理工程师通常会采用建设型谈判，提出一些补偿的选择性方案供承包人考虑，承包人则可以适当采用进攻型谈判，以便讨价还价，取得较多补偿。但是也要适可而止，以免影响双方关系，在其他合作事项上招致报复。有经验的谈判者往往会有机地同时使用进攻型和建设型两种类型，最终以建设型谈判在良好的气氛中结束谈判。

3.2.3 工程变更

工程变更的分类：

工程变更包括工程量变更、工程项目的变更(如发包人提出增加或者删减原项目内容)、进度计划的变更、施工条件的变更等。考虑到设计变更在工程变更中的重要性，往往将工程变更分为设计变更和其他变更两大类。

(1) 设计变更

在施工过程中如果发生设计变更，将对施工进度产生很大的影响。因此，应尽量减少设计变更，如果必须对设计进行变更，必须严格按照国家的规定和合同约定的程序进行。

由于发包人对原设计进行变更，以及经工程师同意的、承包人要求进行的设计变更，导致合同价款的增减及造成的承包人损失，由发包人承担，延误的工期相应顺延。

（2）其他变更

合同履行中发包人要求变更工程质量标准及发生其他实质性变更，由双方协商解决。

工程变更的处理要求：

① 如果出现了必须变更的情况，应当尽快变更。

② 工程变更后，应当尽快落实变更。

③ 对工程变更的影响应当作进一步分析。

1）《建设工程施工合同（示范文本）》条件下的工程变更

① 工程变更的程序

A. 设计变更的程序

a. 发包人对原设计进行变更。施工中发包人如果需要对原工程设计进行变更，应不迟于变更前14天以书面形式向承包人发出变更通知。承包人对于发包人的变更通知没有拒绝的权利，这是合同赋予发包人的一项权利。变更超过原设计标准或者批准的建设规模时，须经原规划管理部门和其他有关部门审查批准，并由原设计单位提供变更的相应的图纸和说明。

b. 承包人原因对原设计进行变更。承包人应当严格按照图纸施工，不得随意变更设计。施工中承包人提出的合理化建议涉及对设计图纸或者施工组织设计的更改及对原材料、设备的更换，须经工程师同意。工程师同意变更后，也须经原规划管理部门和其他有关部门审查批准，并由原设计单位提供变更的相应的图纸和说明。

c. 设计变更事项。能够构成设计变更的事项包括以下变更：

a）更改有关部分的标高、基线、位置和尺寸；

b）增减合同中约定的工程量；

c）改变有关工程的施工时间和顺序；

d）其他有关工程变更需要的附加工作。

B. 其他变更的程序

从合同角度看，除设计变更外，其他能够导致合同内容变更的都属于其他变更。

② 变更后合同价款的确定

A. 变更后合同价款的确定程序

设计变更发生后，承包人在工程设计变更确定后14天内，提出变更工程价款的报告，经工程师确认后调整合同价款，承包人在确定变更后14天内不向工程师提出变更工程价款报告时，视为该项设计变更不涉及合同价款的变更。工程师收到变更工程价款报告之日起7天内，予以确认。工程师无正当理由不确认时，自变更价款报告送达之日起14天后变更工程价款报告自行生效。

B. 变更后合同价款的确定方法

变更合同价款按照下列方法进行：

a. 合同中已有适用于变更工程的价格，按合同已有的价格计算、变更合同价款；

b. 合同中只有类似于变更工程的价格，可以参照此价格确定变更价格，变更合同价款；

c. 合同中没有适用或类似于变更工程的价格，由承包人提出适当的变更价格，经工程师确认后执行。

2）FIDIC 合同条件下的工程变更

在 FIDIC 合同条件下，业主提供的设计一般较为粗略，有的设计（施工图）是由承包人完成的，因此设计变更少于我国施工合同条件下的施工。

① 工程变更的范围

由于工程变更属于合同履行过程中的正常管理工作，工程师可以根据施工进展的实际情况，在认为必要时就以下几个方面发布变更指令。

A. 对合同中任何工作工程量的改变；

B. 任何工作质量或其他特性的变更；

C. 工程任何部分标高、位置和尺寸的改变；

D. 删减任何合同约定的工作内容；

E. 新增工程按单独合同对待；

F. 改变原定的施工顺序或时间安排。

② 变更程序

颁发工程接收证书前的任何时间，工程师可以通过发布变更指示或以要求承包人递交建议书的任何一种方式提出变更。

A. 指示变更

工程师在发包人授权范围内根据施工现场的实际情况，在确属需要时有权发布变更指示。指示的内容应包括详细的变更内容、变更工程量、变更项目的施工技术要求和有关部门文件图纸，以及变更处理的原则。

B. 要求承包人递交建议书后再确定的变更

其程序为：

a. 工程师将计划变更事项通知承包人，并要求他递交实施变更的建议书。

b. 承包人应尽快予以答复。

c. 工程师作出是否变更的决定，尽快通知承包人说明批准与否或提出意见。

d. 承包人在等待答复期间，不应延误任何工作。

e. 工程师发出每一项实施变更的指示，应要求承包人记录支出的费用。

f. 承包人提出的变更建议书，只是作为工程师决定是否实施变更的参考。

3）变更估价

① 变更估价的原则

承包人按照工程师的变更指示实施变更工作后，往往会涉及对变更工程的估价问题。变更工程的价格或费率，往往是双方协商时的焦点。计算变更工程应采用的费率或价格，可分为三种情况：

A. 变更工作在工程量表中有同种工作内容的单价或价格，应以该单价计算变更工程费用。实施变更工作未引起工程施工组织和承包办法发生实质性变动，不

应调整该项目的单价。

B. 工程量表中虽然列有同类工作的单价或价格，但对具体变更工作而言已不适用，则应在原单价或价格的基础上制定合理的新单价或价格。

C. 变更工作的内容在工程量表中没有同类工作的单价或价格，应按照与合同单价水平相一致的原则，确定新的单价或价格。任何一方不能以工程量表中没有此项价格为借口，将变更工作的单价定得过高或过低。

D. 可以调整合同工作单价的原则

具备以下条件时，允许对某一项工作规定的单价或价格加以调整：

a. 此项工作实际测量的工程量比工程量表或其他报表中规定的工程量的变动大于10%；

b. 工程量的变更与对该项工作规定的具体单价的乘积超过了接受的合同款额的0.01%；

c. 由此工程量的变更直接造成该项工作每单位工程量费用的变动超过1%。

② 删减原定工作后对承包人的补偿

工程师发布删减工作的变更指示后承包人不再实施部分工作，合同价款中包括的直接费部分没有受到损害，但摊销在该部分的间接费、税金和利润则实际不能合理回收。因此承包人可以就其损失向工程师发出通知并提供具体的证明资料，工程师与合同双方协商后确定一笔补偿金额加入到合同价内。

4）承包人申请的变更

承包人根据工程施工的具体情况，可以向工程师提出对合同内任何一个项目或工作的详细变更请求报告。未经工程师批准前承包人不得擅自变更，若工程师同意则按工程师发布变更指示的程序执行。

① 承包人提出变更建议。承包人认为如果采纳其建议将可能：

A. 加速完工；

B. 降低发包人实施、维护或运行工程的费用；

C. 对发包人而言能提高竣工工程的效率或价值；

D. 为发包人带来其他利益。

② 承包人应自费编制此类建议书。

③ 如果由工程师批准的承包人建议包括一项对部分永久工程的设计的改变，通用条件的条款规定如果双方没有其他协议，承包人应设计该部分工程。如果他不具备设计资质，也可以委托有资质单位进行分包。

④ 接受变更建议的估价。

A. 如果此改变造成该部分工程的合同的价值减少，工程师应与承包人商定或决定一笔费用，并将之加入合同价。这笔费用应是以下金额差额的一半（50%）：

合同价的减少——由此改变造成的合同价值的减少，不包括依据后续法规变化做出的调整和因物价浮动调价所做的调整；

变更对使用功能的影响——考虑到质量、预期寿命或运行效率的降低，对业主而言已变更工作价值上的减少（如有时）。

B. 如果降低工程功能的价值大于减少合同价格对业主的好处，则没有该笔奖励费用。

5）按照计日工作实施的变更

对于一些小的或附带性的工作，工程师可以指示按计日工作实施变更。这时，工作应当按照包括在合同中的计日工作计划表进行估价。

6）需要注意的几个问题

一般来说，变更更多地是由监理工程师下达的，在这种情况下，承包人必须对照合同文件和工程量表进行细致的对照和研究，分清以下几种情况：

① 如果是额外工程或取消工程，应按以上所述立即递交书面文函，提出不同意见，并要求进行商谈；

② 如确属合同规定的工程范围内的工程项目，且有适用的费率和价格一般即应根据工程量表规定的费率和价格进行估价，没有谈判的必要；

③ 如果在工程性质和数量上有较大改变，导致原定费率和价格已显然不合理或不适用时，则需要通过谈判另行议定合适的费率和价格。如果还可能导致工期延长，就要同时提出施工索赔的要求。

按照惯例，确定费率和价格的权力是在监理工程师手中，因此，在谈判过程中要充分做好监理工程师的工作，并且运用建设型谈判。关于在什么情况下费率和价格变得不合理和不适用的问题，在谈判中往往是争论的主要问题，为此，在"国际咨询工程师联合会"，英文名称是 International Federation of Consulting Engineers 的 FIDIC 条款第 4 版"专用条件"中已提出了明确的补充规定，即"合同内所含任何项目的费率或价格不应考虑变动，除非该项目涉及的款额超过合同价格的 2%，以及在该项目下实施的实际工程量超出或少于工程量表中规定之工程量的 25% 以上"，此项规定可以作为谈判的主要依据。实际上，这个界限按国际惯例已是从合同规定的"附加工程"变为"额外工程"的界限，进行费率和价格调整已是情理中的事了。如果项目变更在性质和数量上已截然不同，事关重大，当然应该要求另签新合同或补充协议了。另外，FIDIC 条款中还规定：当最终结算时的合同价超过或小于有效合同价（系指不包括暂定金额和计日工补贴的合同价格）的 15% 时应进行合同价调整。除此之外，承包人在接到变更令后，即应主动和监理工程师接触和沟通，不要等到监理工程师已经确定了费率和价格后再去协商，在既成事实面前，监理工程师往往不愿丧失自己的权威去改变已定的费率和价格，承包人因而陷于被动。

因此，在工程变更估价的谈判中，承包人应自始至终地坚持运用建设型谈判，并注意以下几点：

① 态度要诚恳，积极配合监理工程师的工作。

② 细致做好各项技术准备和经济分析工作。按工程分类，施工工序作好方案说明和费率分析，摆事实，讲道理，逐步让监理工程师理解和接受自己的方案。

③ 第一次提出的估价不宜过高，以免监理工程师认为是无理的漫天要价而拒绝。

④ 在谈判中要做出必要的妥协和让步，较圆满地达到自己的谈判目标。

3.2.4　不符合技术规范事项

在项目实施过程中，监理工程师和承包人都可能发生不符合技术规范的事项，大部分是属于工程质量包括设计质量和施工质量两方面的问题，而且双方很容易发生争论或扯皮。特别要注意的是，有的合同的技术规范中对某些项目施工质量的技术要求并没有细化，无明确标准，有时还说明"施工质量要达到监理工程师满意为止"。这样，由于监理工程师的技术知识和施工经验的局限，或不能公正地办事，往往会有不同的或不切实际的认识，就更容易产生矛盾和争论。有时发包人和监理工程师还以施工质量差和不符合技术规范为借口作为对承包人扣除部分工程款的手段。因此，在整个合同履行过程中，这类问题的谈判是经常的。要获得谈判的成功，除了需要丰富的技术知识以外，还需要熟悉合同条款和合同管理知识，并掌握一定的谈判技巧。从总的来说，由于发包人和监理工程师处于有利的地位，承包人应坚持采用建设型谈判。然而，当发包人和监理工程师提出的要求显然不合理和无理，而承包人在技术上、经验上又处于优势地位时，也可适当采用进攻型谈判，但必须有理有节，着重事实论证，注意双方的长远合作关系。

【案例 3-1】　监理工程师责任的事项

在某公路工程项目。其合同文件的技术规范中对路基、基层和面层都规定有相应的压实度标准，对道路两侧边沟边坡和坡底未规定压实度要求。监理工程师缺乏施工经验，独出心裁地颁发了一条工地指令，作为边沟施工的补充技术规范，规定边沟边坡和沟底的压实度分别要求达到 98％和 95％的重型击实标准。项目经理部对此虽表示过异议，但监理工程师为了维护自身尊严，坚持执行其工地指令。在实际施工中，由于边沟边坡为 1∶4，工作面小而陡，不可能走重型压路机械，只能使用小型蛙式夯具人工夯实，根本不可能达到 98％的重型击实标准，而且工程进展十分缓慢。为了配合整个工程进度，项目经理部不得不组织 20 多人的施工小分队，使用多台蛙式夯具，反复夯打，突击施工，但是仍然达不到要求。承包人公司总部的技术专家在工地上发现了这种情况后，立即与监理工程师展开谈判。监理工程师态度横蛮、咄咄逼人，采用进攻型谈判方式。由于承包人的技术专家施工经验丰富，对技术规范的要求有很好的掌握，在技术上和经验上处于优势地位，也采用进攻型谈判进行反击，坚持以理服人，态度坚决。并提出两点建议，一是希望监理工程师提出自己拟订技术规范标准的技术依据，拿出相应技术规范中类似的规定；二是建议监理工程师组织示范性施工，费用由承包人承担，只要切实可行，承包人一定遵照办理。事隔多天，监理工程师既拿不出任何参考的技术规范，又提不出切实可行的示范性施工方案，在事实面前，监理工程师不得不妥协，取消自己的这一条指令，以后也没有再提过类似的不合理要求。

3.2.5　不符合合同条件的事项

项目的实施标志着项目合同双方即发包人和承包人对合同条件的同意和确认。

因此，合同的任何一方都有权要求另一方严格遵守合同条件，履行合同的各项职责，合同条件也相应的规定了任何一方不履行合同职责而违约的条款。尽管如此，由于工程合同的履约时间长，主客观情况千变万化，仍然不可避免地会出现一些不符合合同条件或违约事项，这就要求合同双方能够及时交换意见，通过谈判协商解决。谈判的目的很明确，即要求对方遵守合同条件，改善履约状况，保证合同的顺利实施。

（1）发包人不遵守合同条件或违约

发包人不遵守合同条件或违约，是在工程实施过程中经常发生的事项，也是影响承包人能否顺利完成合同规定任务的主要事项，是谈判的难点。发包人的违约，对施工的影响可大可小。一些对工期和费用影响不大的问题，承包人往往为了双方的和谐关系就默认吃亏算了，但是有一些事项直接影响工程的正常施工，承包人不得不通过谈判进行解决。

发包人不遵守合同条件或违约的事项，通常表现在以下两方面：

① 不能及时向承包人提供合同规定的施工场地，即现场占有权，包括施工场区内的拆迁工作未能按时完成、道路不能保证施工机械的进场、临时设施没有足够的场地安排利用等情况。

② 不能及时支付承包人应得的款项，或中断支付此款项，包括预付款和工程进度款。

【案例 3-2】 发包人违约

有一商住楼工程，合同工期的约定如下：

开工日期：07 年 10 月 20 日；

竣工日期：09 年 7 月 19 日；

合同总工期为 21 个月。

在合同的补充条款上说明：中标价的 2%作为工期保证金，每推迟一天罚扣4000 元，超过 15 天加倍罚金，直至扣完工期保证金。

工程实际动土开挖并经业主同意确定日期为 07 年 12 月 3 日，在开工后的期间，地方农民由于对业主的赔付不满阻碍施工，造成工程又拖延了 2 个月才顺利施工。工程施工过程中，由于业主未按合同约定支付工程款，导致工程出现了 3次停工，共计 4 个月。至今工程仍然没有竣工。

作者评析：这是一个典型的业主违约造成工程不能按合同正常实施的案例。属于业主承担的风险。

（2）承包人不遵守合同条件或违约

承包人不遵守合同条件或违约往往表现在很多方面，发包人和监理工程师用以裁定和处理承包人不遵守合同条件或违约的合同条款也相应有很多。通常可能发生并进行谈判的有关承包人违约的主要方面有：

① 未能按时开工

由于承包人的原因，不能按照合同规定办理好相关的开工手续，或不能组织好相关的人员和施工机械进场开工。

② 进场人员、设备和投标书不一致。

③ 刚开工后施工进度跟不上。

④ 材料和设备不合格。

在实际施工过程中，承包人应尽量减少己方违约而导致的谈判。如果承包人具有明确的合同观念和工作责任心、自觉学习、遵守和履行合同条件，在工作中积极主动与监理工程师配合，那么承包人违约的事项是可以有效避免的。反之若承包人不尊重或无视监理工程师的职责和权利，在工作中忽视质量、唯利是图、偷工减料，那么监理工程师也很容易运用有关合同条款对承包人进行制裁和处理。在承包人可能违约的事件中，监理方始终处于强有力的地位，他们可能会经常采用进攻型谈判方式，作为承包人就必须要注意遵守诺言，言必行、行必果，坚持运用建设型谈判方式，提出改进措施或解决方案，取得监理工程师和发包人的谅解和信任。

【案例 3-3】 某工程计划应在 2007 年 7 月 1 日开始实施，但是由于承包人的原因导致开工时间延迟了 30 天，即 2007 年 8 月 1 日才开始开工，但是由 2007 年 7 月 4 日开始，因为业主方临时供电不及时导致现场停工 20 天，也就是说即使承包方解决了问题，由于业主不能及时供电，承包方也无法施工。那么这个案例，是作为承发包双方都有违约考虑呢？还是由承包方承担违约的全部责任呢？

作者评析：本案例中，从时间上看，前一事件的延误与后一事件的延误在时间上有重叠，应以前一事件结束的时间为准，即由承包方承担违约的全部责任。

【案例 3-4】 某工程在铝框天窗施工阶段，出现了几个文件不相符的问题。在合同和指定的施工规范中规定：铝框天窗由固定玻璃板构成；在施工图纸上，节点详图为开启式；在投标报价文件中，铝框天窗为开启式。承包人按照开启式进行的材料采购，开启式的天窗比固定式天窗的分项价格高出 120 万元。因为发承包双方在该问题上的理解不一致，协商未果，导致工程停工。停工已有数月。

发包人观点：

根据《标准施工招标文件》的文件，解释顺序为：

（1）合同协议书；

（2）中标通知书；

（3）投标函及投标函附录；

（4）专用合同条款；

（5）通用合同条款；

（6）技术标准和要求；

（7）图纸；

（8）已标价工程量清单；

（9）其他合同文件。

发包人认为合同和技术标准的顺序优先于图纸和已标价的工程量清单，所以应按合同和技术规范的要求，使用固定式铝框天窗。

承包人观点：

根据《工程量清单计价规范》4.4.2规定：实行招标的工程，合同约定不得违背招、投标文件中关于工期、造价、质量等方面的实质性内容，招标文件与中标人投标文件不一致的地方，以投标文件为准。据此承包人认为合同约定在实质性内容方面应符合投标文件，在不一致时显然应以投标文件为准。此工程中，天窗的开启方式直接关系到工程造价，是工程的实质性内容，所以应以投标文件为准。

笔者观点：这是一个由于文件不一致导致的争端，承发包双方都会站在有利于己方的立场上来理解和争辩。因为双方都有理有据，导致相互不能达成共识而停工。这也反映出我国的一些法律法规和规范性文件的矛盾。要减少这一类问题的发生，双方可以在合同中，明确约定当双方有争执时，所依据的具体规定是哪一个，而不是泛泛而谈。当然合同的完善只能是相对的，不可能预见所有的问题。合同的完善程度有赖于合同拟订和签订人员的工作责任心和工作经验。

3.2.6 不利的外界障碍或条件

不利的外界障碍或条件是指在合同履行过程中项目及其所在地区受到不利的外界障碍或条件的影响，包括自然和气候条件、地质状况、地下构筑物和公共设施(如管线、管道、电缆、电话)等情况，导致工程进程的延误和额外费用的增加，使合同双方均蒙受损失。一般来说，对这种影响，承包人应尽早据实通知监理工程师，并提出工期延长和费用索赔的申请报告。但是，发包人和承包人往往都希望损失由对方来承担。因此，双方对合同条件的理解和解释往往有矛盾，尤其是有些不公正的监理工程师有时不能客观地、正确地对待这一问题，他们片面地认为如果承认了不利的外界障碍或条件的存在，就是承认了设计工作的缺点和不完整性，为了维护自己公司的信誉，他们常常找借口称，承包人提供的有关不利的外界障碍或条件的证据不完整而拖延不决或不置可否。

因此，承包人在遇到这类问题时，需要认真收集资料和原始数据，摄制必要的现场照片，同时进行完整充分的论证。在论证和谈判中要特别注意：(1)这些障碍和条件是一个有经验的承包人也无法预见到的；(2)实事求是地分析计算需要延长的工期和可能发生的任何费用的额度，递交索赔申请报告，要求监理工程师作出决定。在分析计算时，既要包括因监理工程师签发有关指示而引起的工期延长和费用增加，也要包括承包人在无监理工程师具体指示的情况下自己采取，并为监理工程师接受的任何合理恰当措施可能发生的工期延长和费用增加。

根据以往经验，以上两个问题是在谈判中双方经常争论的重点。第一个问题就是意外发生后的责任认定，以下三点解释可以作为谈判的依据：

(1)尽管各方都进行了招标前现场勘察，然而承包人还是会遇到不可预见的外界障碍或条件。

(2)为了取得较好的结果，在进行招标时，不应期望投标者在他们所报的单价中，把在准备投标时不能合理预见或估计到的风险包括进去，这一点是最基本的。

（3）如果发包人能在合同中承担某些事件引起的费用，这些事件可能不会发生，或承包人无法控制，或不能按合理的保险金对其保险，那么这是对承包人有利的。

因此，合同双方都应该客观地承认确有一些障碍或条件，这是一个有经验的承包人所无法预见到的。同时，对一些自然灾害等不可合理预见的意外风险要求承包人在投标报价时都加入风险费用也是极不合理的。只能是在意外事件出现时实事求是地对待和处理才合理。

第二个问题则是在双方通过谈判确认第一个问题以后，对这些障碍或条件影响的范围和程度进行评估，决定工期延长和增加费用产生分歧时的重要依据。特别是在出现一些十分困难和复杂的技术条件或地质条件且与设计资料出入很大，严重影响工程进程或质量的情况后，监理工程师常常会指示承包人改变施工方法，增加设备。有时监理工程师也拿不出克服困难的施工方法，需要承包人自己动脑筋、想办法，并添置设备和增加额外费用。

在这种情况下，承包人就要注意事先以书面方式告示监理工程师获取同意和批准后再实施。只有这样，承包人才能通过谈判取得合理的延长工期和额外费用。否则在谈判中监理工程师往往对承包人自行采取的措施和方法不予认可。

【案例 3-5】 某公路工程，在开工和施工阶段的 3 年中就遇到无法预见的特大洪水 2 次和中小洪水 4 次，导致工期延误，施工道路和工地被淹，便道和便桥以及在建桥梁和排水构筑物被冲毁、运输中断，材料、工具被冲走、路堤溃决等。承包人在申请工期延长和费用索赔的谈判中，强调提出了 3 点：

（1）项目位于洪泛区，河流属于变迁性河流，原设计文件中连桥位处河道横断面都没有；

（2）当地没有历史气象水文资料，一些气象站原有历史档案以及水位测标等在过去洪泛期间被冲毁或丢失；

（3）桥位处于承包人实测的洪水位，流量和流速大大超过设计文件和图纸提供的设计数值。

承包人针对这三点理由，收集了大量翔实的证明材料报送给发包人，论证和说明这些情况实属于承包人所无法预见的。发包人在事实面前，同意了承包人工期延长和费用索赔的请求。

3.2.7　改进设计

在设计中，往往由于有些技术人员不能深入现场第一线，地质勘探不够，调研工作不充分，所得到的资料和实际存在较大出入，而在技术上盲目追求较高的技术标准，因而在设计上常会存在一些不合理和不切实际的地方。所以承包人要细心观察，深入调研，必要时通过科学试验取得可靠的数据，提出一些切实可行的合理的修改设计方案，往往可以加快工程进程并获得相当可观的经济效益。但提出建议的首要条件是要保证工程质量的前提下，技术上确有创见，合同双方都才可以接受；其次是要和监理工程师建立起相互信任和友好合作的关系，没有监理工程师的支持是无望实现的。同时，必须按照合同规定的程序办事，要事先通过商谈和监理工程师取得一致意见，由监理工程师下达工程变更令，然后和监理工程师议定新的费用或价格。如果遇到比较客观、公正的监理工程师，双方通过谈判确认可以加快工程进程和降低成本，提高工程质量，并且容易取得一致意见而付诸实施。如果监理工程师缺乏经验，思想比较保守或教条，则往往需要向监理工程师进行艰辛细致的说服工作，说服不了时也不能强加于人。无论是哪一种情况，承包人必须注重用事实论证，耐心细致，充分说理，注意谈判方式和策略。

3.2.8　工期延误

工期延误是指承包人在合同规定的工期内未能如期完成合同要求的工程，延误了竣工或移交工程的时间。通常，这种延误分为两大类。

（1）可原谅的延误

这种延误不是承包人的责任，而是由于发包人、监理工程师的责任或外界影响引起的延误，承包人是可以原谅的。这类延误又分为以下两种：如果延误的责任是在发包人或监理工程师方面，则承包人不仅可以得到工期延长还可以得到经济补偿，这种延误被称为可原谅并可给予补偿的延误。如果延误的责任者不是发包人或监理工程师，而纯属外界影响，承包人可以获得工期延长，但得不到经济补偿。这种延误则称为可原谅但不给予补偿的延误。

（2）不可原谅的延误

这种延误的责任者是承包人。即由于承包人缺少设备、材料或人力资源、管理不善等原因造成的工期延误。这时，承包人不但得不到工期延长，而且得不到经济补偿。

项目实施过程中，施工进程拖延是经常发生的，如果任其拖延，严重时就会使工程项目不能按合同规定的工期建成，承包人就要支付误期损害赔偿费，承担巨额经济损失。因此，当发现施工进程拖延，或监理工程师指责施工进程拖延时，承包人应按上述分类及时分析延误的原因。如果责任是在自己方面，则应尽快采取措施，赶上进程计划，严格按合同工期建成项目。如果是发包人和监理工程师方面的原因或是外界影响，则承包人有权获得工期延长，申请索赔工期延长。如果进程拖延属于发包人和监理工程师方面的责任，则承包人不仅有权获得工期延长，还可以得到额外费用的补偿。

然而，在实际施工过程中，工期延误的原因是多方面的，而发包人和监理工程师对核批工期延长的掌握是很严的。首先是要看是否属于可原谅的工期延误，其次是必须发生在工程网络计划的关键路线上。因此，工期延长的谈判是一项专业性很强的工作。既要熟悉合同条件的有关条款和国际通用的原则，又要熟练掌握网络技术，善于应用关键路线法分析论证。一般来说，工期延长的谈判，发包人和监理工程师掌握主动权，处于有利地位，他们往往采用进攻型谈判，承包人则需要运用建设型谈判，着重事实论证，注意以理服人，即便责任在发包人和监理工程师方面，也要注意照顾对方的面子，心平气和地、客观地进行说理。为了作好分析论证，承包人必须重视日常的基础工作，随时做好施工日志和同期记录。分析拖延发生的原因，即使原因发生的当时只有一周或几周，不足与发包人和监理工程师正面交锋和谈判，但在整个工程施工期间积少成多，累计即可达数月。有时，发包人和监理工程师当时未认可或批准，但在工程尾声的谈判中，在承包人论据充分的情况下，为了保证项目的顺利完工，应该有所考虑或在过程中获得书面的确认。

3.2.9 支付延误

支付延误是指发包人未能在合同规定的期限内及时向承包人支付由监理工程师签发的承包人应得的款项。工程合同中的条款对此做了明确的规定。

（1）明确地规定了付款手续、付款程序、付款方法、支付时限等。

（2）当监理工程师将经过审核签字颁发的任何临时证书，包括月报表即月结算单送交发包人后，发包人应在合同规定的时间内向承包人支付相应的款项。如果发包人在规定的时间内没有支付，则发包人应负责支付超期款项的利息。

（3）强调了不能中断支付承包人应得款项的重要性以及对发包人违约的处置。规定了发包人违约的范围、界限和处置办法以及承包人可以采取维护本身权益的有效措施。

尽管合同条件有明确的规定，但是由于临时证书、月报表等所要履行手续的部门较多，其中每一个环节都可能产主延误，而发包人也往往由于政府财政困难或从本身经济利益出发，从而拖延支付。因此，支付延误问题在合同履行过程中是经常发生的。有的拖延几个月，有的甚至半年、一年以上，尤其是由当地政府提供投资的项目。因为支付延误，往往导致承包人在流动资金上陷入困境，有的不得不为此债台高筑，蒙受巨大的经济损失。

作为一个有经验的承包人，就要熟悉有关的合同条款，主动按照合同规定的时限跟踪工程款和各种款项的支付状况，安排专人负责催款。在发生支付延误问题后就要及时发出通知，并通过谈判，做好发包人和监理工程师的工作，说明自己的困难，阐明自己的观点，并表明自己是熟悉合同，善于运用合同条件这个武器的，尽量提醒和说服他们遵守合同，按时支付。如果他们仍然敷衍拖拉，劝说无效时，可以申述准予终止合同和要求索赔的意图，向发包人施加一定的压力。一般来说，在发包人拖延支付问题的谈判活动上，承包人处于较有利的地位，必要时适当采用进攻型谈判是恰当的。

3.3 在谈判中责任不易明确的事项

在工程实施过程中，有一些事项其责任的划分是比较清楚的，如发包人未能提供开工条件而导致工程不能开工、发包人未能按时支付工程进度款而导致工程延期、承包人提供的材料设备不合格、承包人施工组织与方案不符合等事件，能够一目了然地判断出责任方。而有一些事件，情况就要复杂得多，在责任的划分上往往也是双方争执的焦点。所以在施工过程中要特别注意和防范这些问题。

3.3.1 是设计质量问题还是施工质量问题

在通常情况下，项目的前期工作包括可行性研究、项目工程设计、招标文件和合同文件的编制等都是由相应的造价事务所、咨询公司、设计单位来承担并完成的。由于工程设计不当造成的设计质量问题理应由设计单位负责。然而在项目实施过程中，因设计质量或施工质量引起的工程质量风险和事故损失有时很难区分，不少设计上的错误，在施工前也是很难发现的，一般要在施工过程中或部分工程完工后才能发现。并且，设计的质量问题所造成的费用增加和工期延长的后果，往往是由发包人来承担。因此，为了维护发包人的利益，有的监理工程师经常会把工程质量问题笼统地归咎于承包人施工不当，不符合技术规范造成的施工质量问题。作为承包人，从项目一开始就要十分注意工程质量的责任问题，必须在施工过程中注意积累各种实际资料和试验数据，以便必要时据理力争，用充分的资料和数据证明是设计上的错误，为谈判工作和索赔工作提供依据，同时防止监理工程师笼统地找借口称施工质量差，不符合技术规范将责任转嫁给承包人。这类问题多年来在工程项目实践中是常见的现象，必须予以充分重视。

如前面的案例 3-5，就是设计质量造成的问题，发包人应承担相应的责任，同意承包人的索赔请求。

3.3.2 是技术规范还是监理工程师的无理要求

在一些施工现场，有时还会遇到专业知识较差而又傲慢的监理工程师，他们不仅放不下架子，还往往提出一些不合理或无理的要求，颁发技本标准过高或不切实际的指令，如果承包人不遵照办理，便以不符合技术规范为由，克扣部分工程款，使承包人蒙受经济损失。因此，承包人不仅要仔细阅读分析合同文件的技术规范，而且要对监理工程师下达的每一项指令进行研究，对一些不合理要求或无理要求，通过建设型谈判提出不同意见和改进方案。

如前面的案例 3-1，因为监理工程师的不合理要求而使承包人蒙受了损失，然后承包人利用经验和谈判技巧成功说服了工程师。

3.3.3 在技术规范中无明确规定的事项

在实际的施工过程中，经常会出现承包人施工质量不良或不符合技术规范的问题。作为承包人来说，按照技术规范和监理工程师的要求进行施工是合同规定的职责。一般来说，施工操作程序和施工质量标准均已在合同文件的技术规范中有明确的规定和说明，承包人只要严格遵照办理即可。但是，有时在技术规范中对某些项目并没有细化，只是说明"施工质量要达到监理工程师满意为止"，有些工程项目，总承包项目的合同文件往往只有使用要求的说明，缺乏技术细节方面的规定。

如果承包人事先没有向监理工程师主动征求意见并商谈，就容易在施工质量问题上和监理工程师产生分歧和争论，甚至导致工程返工或质量事故。工程中在这方面的经验教训是很多的。

对于技术规范中无明确规定的事项，承包人就要主动征求监理工程师的意见。重要部分要请监理工程师下达书面指令，以便有所遵循，千万不要擅自解释和行事。有的还需要承包人自己去细化、规范图纸，提供材料或半成品样品或进行一些试验，提出建设性方案，征得监理工程师的同意和批准后再施工。

3.3.4 双方理解不一致的事项

由于知识和经验的局限，或由于所处立场的不同，以及某种人为的偏见，承包人和监理工程师对技术规范产生理解上的不一致，因而出现矛盾和分歧，这在日常工作中是难以避免的。关键在于双方都要以本着解决问题为出发点，实事求是，以理服人，而不是虚假和浮夸，或者自以为是，我行我素。承包人应尽量多地与监理工程师沟通，争取在问题实施以前就达成解决问题的共识。

【案例 3-6】 某桥梁工程，在工程实施阶段，桥头混凝土预制块护坡出现凸起现象，造成大量裂缝，加上水的冲刷，边坡上已有不少坑洞。为此，监理工程师指出，这是由于承包人的施工质量问题引起的责任事故，指令要求承包人自费进行抢修，重砌所有边坡。承包人在接到指令后进行了细致的现场勘察和测定，准备了充分的分析计算资料和照片，与发包人和监理工程师开展了谈判。在谈判中，承包人从理论上详细分析了凸起现象产生的原因，指出这种现象主要是由于该地区气温太高，混凝土预制块热膨胀过大相互挤压所致，并且说明承包人是按照设计图纸和技术规范施工的，过程中也已通过了监理工程师的质量检验，因此责任不在承包人。同时着重指出，这是设计上的原因，如果不修改设计，仍然按照原设计返工重砌，以后必然会出现同样的问题，并将严重影响桥台边坡的稳定性。因此，建议改用浆砌片石。发包人和监理工程师要求承包人提出实验资料和已建工程的经验证明。在第 2 轮谈判中，承包人递交了实验和计算资料以及已建工程的图片，发包人查看后听从了承包人的建议，表示同意修改设计，并责成监理工程师与承包人按照合同条件第 52 条议定价格。这样，承包人不但避免了自费维修返工的费用支出，而且争取了一个新的小型增加工程。

3.4 《工程量清单计价规范》（08 版）对工程价款调整的有关规定

08 版《工程量清单计价规范》，对 03 规范实施中出现的种种工程价款问题和争端进行了总结，就工程价款的调整做出了以下相应的规定。

（1）招标工程以投标截止日前28天，非招标工程以合同签订前28天为基准日，其后国家的法律、法规、规章和政策发生变化影响工程造价的，应按省级或行业建设主管部门或其授权的工程造价管理机构发布的规定调整合同价款。

（2）若施工中出现施工图（含设计变更）与工程量清单项目特征描述不符的，发、承包双方应按新的项目特征确定相应工程量清单项目的综合单价。

（3）因分部分项工程量清单漏项或非承包人原因的工程变更，造成增加新的工程量清单项目，其对应的综合单价按下列方法确定：

① 合同中已有使用的综合单价，按合同中已有的综合单价确定；

② 合同中有类似的综合单价，参照类似的综合单价确定；

③ 合同中没有使用过类似的综合单价，由承包人提出综合单价，经发包人确认后调整。

（4）因分部分项工程量清单漏项或非承包人原因的工程变更，引起措施项目发生变化，造成施工组织设计或施工方案变更，原措施费中已有的措施项目，按原措施费的组价方法调整；原措施费中没有的措施项目，由承包人根据措施项目变更情况，提出适当的措施变更，经发包人确认后调整。

（5）因非承包人原因引起的工程量增减，该项工程量变化在合同约定幅度以内的，应执行原有的综合单价；该项工程量变化在合同约定幅度以外的，其综合单价及措施项目费应予以调整。

（6）若施工期内市场价格波动超出一定幅度时，应按合同约定调整工程价款；合同没有约定或约定不明确的，应按省级或行业建设主管部门或其授权的工程造价管理机构的规定调整。

（7）因不可抗力事件导致的费用，发、承包双方应按以下原则分别承担并调整工程价款。

① 工程本身的损害、因工程损害导致的第三方人员伤亡和财产损失以及运至施工场地用于施工的材料和待安装的设备的损害，由发包人承担；

② 发包人、承包人人员伤亡由其所在单位负责，并承担相应费用；

③ 承包人的施工机械设备损坏及停工损失，由承包人承担；

④ 停工期间，承包人应发包人要求留在施工场地的必要的管理人员及保卫人员的费用，由发包人承担；

⑤ 工程所需清理、修复费用，由发包人承担。

（8）工程价款调整报告应由受益方在合同约定时间内，向合同规定另一方提出，经对方确认后调整合同价款。受益方未在合同约定时间内提出工程价款调整报告的，视为不涉及合同价款的调整。

收到工程价款调整报告的一方应在合同约定时间内确认或提出协商意见，否则，则视为工程价款调整报告已经确认。

（9）经发、承包双方确定调整的工程价款，作为追加（减）合同价款与工程进度款同期支付。

复习思考题

一、选择题：

1. 下列对《建设工程施工合同(示范文本)》条件下的工程变更的论述正确的是( )。

A. 设计变更超过原设计标准时，应报发包人批准

B. 增减合同中约定的工作量不属于设计变更

C. 改变有关工程的施工时间和顺序属于设计变更

D. 发包方要求更高的质量标准属于设计变更

2. 施工中发包人如果需要对原工程设计进行变更，应不迟于变更前( )天以书面形式向承包人发出变更通知。

A. 14   B. 30   C. 7   D. 20

3. 按照 FIDIC 合同条件的约定，下列关于变更估价说法不正确的是( )。

A. 变更工作在工程量表中有同种工作内容的单价或价格，应以该单价计算变更工程费用

B. 实施变更工作未引起工程施工组织和承包人发生实质性变动，不应调整该项目的单价

C. 当某项工作实际测量的工程量比工程量表或其他报表中规定的工程量的变动大于5％时，可对规定的单价或价格进行调整

D. 变更工作的内容在工程量表中没有同类工作的单价或价格时，应按照与合同单价水平相一致的原则，确定新的单价或价格

4. 下列说法错误的是( )。

A. 施工中发包人如果需要对原工程进行设计变更，应不迟于变更前14天以书面形式通知承包人

B. 承包人对于发包人的变更要求，有拒绝执行的权利

C. 承包人未经工程师同意不得擅自更改、换用图纸，否则承包人承担由此发生的费用，赔偿发包人的损失，延误的工期不予顺延

D. 增减合同中约定的工程量不属于工程变更

E. 更改有关部分的标高、基线、位置和尺寸属于工程变更

5. FIDIC 施工合同条件下，工程变更的范围包括( )。

A. 联合竣工检验和勘察工作

B. 任何部分标高、尺寸、位置改变

C. 因施工需要，施工机械日常检修时间变更

D. 工作质量和其他特性变更

E. 合同中工程量改变

6. 以下关于变更后合同价款的确定的说法正确的是( )。

A. 合同中已有适用于变更工程的价格，按合同已有的价格计算、变更合同

价款

B. 合同中只有类似于变更工程的价格，可以参照此价格确定变更价格，变更合同价款

C. 合同中没有适用或类似于变更工程的价格，由承包人提出适当的变更价格，经工程师确认后执行

D. 关于变更工程价格如果无法协商一致，可以由工程造价部门调解

E. 关于变更工程价格如果无法协商一致，则以工程师认为合理的价格执行

7. 工程变更包括（　　　）。

A. 工程量变更　　　　　　　B. 工程项目变更

C. 当事人变更　　　　　　　D. 新增工程

E. 施工条件变更

二、案例分析

1. 某承包人（乙方）与某建设单位（甲方）签订了某项工业建筑的地基强夯处理与基础工程施工合同。由于工程量无法准确确定，根据施工合同专用条款的规定，按施工图预算方式计价，乙方必须严格按照施工图及施工合同规定的内容及技术要求施工。乙方的分项工程首先向监理工程师申请质量认证，取得质量认证后，向造价工程师提出计量申请和支付工程款。

工程开工前，乙方提交了施工组织设计并得到批准。

问：（1）在工程施工过程中，当进行到施工图所规定的处理范围边缘时，乙方在取得在场的监理工程师认可的情况下，为了使夯击质量得到保证，将夯击范围适当扩大。施工完成后，乙方将扩大范围内的施工工程量，向造价工程师提出计量付款的要求，但遭到拒绝。试问造价工程师拒绝承包人的要求合理否？为什么？

（2）在工程施工过程中，乙方根据监理工程师指示就部分工程进行了变更施工。试问变更部分合同价款应根据什么原则确定？

2. 某城市道路工程项目中有一处道路交叉工程。原设计是平交，监理工程师从美观的角度提出改为转盘花园，并下达工程变更通知及附上修改后的施工图给承包人。承包人在接到变更通知后，一方面着手工程预算和承包方案的调整，一方面即提出调整费率申请。监理工程师认为原工程量表中土方开挖、排水系统、路缘石等费率依然适用，不同意调价。

问：（1）作为承包人，要成功说服监理工程师，应做好哪些技术准备和经济分析工作？

（2）此次谈判承包人要取得成功，从技术经济方面要具备怎样的条件？谈判中采取哪些策略和技巧？

（3）根据案例情况，进行进一步的案例完善，包括工程变更的具体情况、工程量的变化、谈判的焦点、双方谈判的过程、最后的谈判结果。

3. 某公路工程项目，道路路面设计采用厚度为3cm的沥青砂面层，基层采用石灰改善天然珊瑚石土。按照合同文件技术规范的要求，面层混合料的孔隙率指

标规定为 5%～7%。在施工中，监理工程师指令面层混合料只能使用由他认可的现场惟一可获得的两种天然砂进行掺合配制。承包人在试验中发现，这两种天然砂配制的沥青砂混合料基本上由中粗颗粒组成，1.0%以上的粗颗粒和 0.15%以下的细颗粒极少，与富勒氏最大密实度曲线有相当大的偏离，由于级配不良，路面压实后能够达到的空隙率为 8.5%～10%，与技术规范要求的 5%～7%相差很远，虽经频繁试验，均告失败。为了符合技术规范，监理工程师又指令用石灰或水泥做填缝料进行填充掺配，施工初始阶段采用石灰为填缝料，实测空隙率仍然超过 7%，以后全段改用水泥为填缝料，水泥用量高达 13%，施工后导致面层普遍出现裂缝。与此同时，路面基层由于珊瑚石土风化严重，含有大量黏土成分，经过石灰处治，材料性能有一定的改善，但其水稳性和强度仍然不符合技术规范的要求，于是在施工过程中又按照监理工程师指令反复调整石灰掺配比例进行试验和施工，但是收缩开裂的问题始终在不断发生。因此，基层与面层的问题同时交织在一起，情况复杂，不仅导致工期延误，而且费用大大增加。为此，承包人提出了索赔的要求，编写了索赔报告。但是，在与监理工程师谈判过程中，监理工程师始终采用进攻型谈判，坚持是承包人的施工质量问题，不同意索赔，而承包人则强调是设计质量问题，并以来往函件、实际资料和试验数据反复说明承包人的施工是完全遵照合同文件和技术规范以及监理工程师的指令实施的，并指出问题的症结纯属原设计不当所引起的。由于当时项目经理部缺乏合同管理和索赔工作的专门人才，谈判很不得力。双方相持不下，形成"马拉松"式的谈判持久战，一直延续到保修期结束，仍无结果。监理方眼看各种问题仍在不断发展，感到脸上无光，也不能自圆其说，无法向发包人交代，因此，不得不向承包人适当妥协。双方商定，由承包人在一些路段进行罩面处理，监理方同意进行项目的竣工验收，不再提及误期损害赔偿问题。以后，发包人和监理工程师又根据承包人的索赔报告批准了极少量的索赔金额。承包人在整个项目实施中亏损达 300 余万元。

问：（1）该案例中发生的谈判事项具体有哪些？

（2）发生这些谈判事项的原因是什么？

4. 某电梯公寓由 L 公司承建，根据图纸，顶棚要进行抹灰处理。在施工过程中，建设方发出变更通知，顶棚取消抹灰。承包人原来准备使用旧模板，根据新的变更，为了顶棚的整洁度，L 公司在顶棚全部使用了新的模板。在工程结算时，L 公司提出，因为在楼地面浇筑混凝土时采用了新的模板，导致该分部工程造价比投标时增加，要求每平方米增加 10 元工程款。建设方称顶棚取消抹灰是为了减少造价，如果将这 10 元增加，那么根本就没有必要取消抹灰了，坚持不予增加工程款。请针对此案例站在承发包不同的立场进行分析。

5. 某公路工程，在开工和施工阶段的 5 年中遇到无法预见的 4 次特大洪水和 4 次中小洪水，导致工期延误，施工道路和工地被淹，便道和便桥以及在建桥梁和排水构筑物被冲毁，运输中断，材料、工具被冲走，路堤溃决等。对此，承包人根据合同条款提出了延长工期和额外费用索赔要求。在此次索赔谈判中承包人应做好谈判前的哪些准备工作。请模拟实际情况，列出具体翔实的准备资料。

4

工程索赔谈判

完成任务应具有的知识技能：工程索赔的含义；引起施工索赔的原因；索赔的分类；处理索赔事件的程序、依据；索赔的计算以及在谈判中应用的技巧。

主要技能：能够判断在怎样的情况下要进行索赔、能够明确怎样进行索赔、能够正确计算工期和费用索赔、能够应用谈判技巧处理索赔事项。

教学建议：主要采用角色扮演法和案例教学法进行教学，教师编制各种教学情景融入知识点，通过学生的短剧表演，学习和掌握所学知识。可以采用多媒体放映相关短片，进行案例教学。

4.1 工程索赔的含义

工程索赔是指当事人在合同实施过程中，根据法律、合同规定及惯例，对并非由于自己的过错，而是属于应由合同对方承担责任的情况造成，导致实际发生了损失，向对方提出给予补偿的要求。索赔事件的发生，可以是一定行为造成，也可以由不可抗力引起；可以是合同当事人一方引起，也可以是当事人双方引起或任何第三方引起。索赔的性质属于经济补偿行为，而不是惩罚。索赔的损失结果与被索赔人的行为并不一定存在法律上的因果关系。它允许承包人获得不是由于承包人的原因而造成的损失补偿，也允许发包人获得由于承包人的原因而造成的损失补偿。对于施工合同的双方来说，索赔是维护双方合法利益的权利。它同合同条件中双方的合同责任一样，构成严密的合同制约关系。索赔是双向的，承包人可以向发包人提出索赔，发包人也可以向承包人提出索赔。在工程施工的实践中，习惯上将承包人向发包人的索赔，直接称为承包人索赔，简称为"索赔"，而把发包人向承包人的索赔称为发包人的索赔，简称为"反索赔"。

在当前建筑市场激烈竞争的条件下，工程任务少，承包人多，因此工程施工中的风险绝大部分由承包人来承担，一旦失误，就可能遭受重大的经济损失，承包人在施工过程中必须加强施工索赔，对于实际施工过程中发生的事件，按照工程合同条款的规定，对合同价格进行适当的公正调整，以弥补承包人不应承担的损失，尽可能使工程合同风险的分担程度合理。

索赔可以概括为如下3个方面：

（1）一方违约使另一方蒙受损失，受损方向对方提出赔偿损失的要求；

（2）发生应由发包人承担责任的特殊风险或遇到不利自然条件等情况，使承包人蒙受较大损失而向发包人提出补偿损失要求；

（3）承包人本人应当获得的正当利益，由于没能及时得到监理工程师的确认和发包人应给予的支付，而以正式函件向发包人索赔。

4.2　工程索赔的分类

4.2.1　按索赔的起因分类

可以导致索赔的原因很多，归纳起来主要有以下几种：

（1）工程量变化索赔指承包人对工程量的增加或减少，提出索赔要求。

（2）不可抗力事件。不可抗力又可以分为自然事件和社会事件。自然事件主要是不利的自然条件和客观障碍，如在施工过程中遇到了经现场调查无法发现、发包人提供的资料中也未提到的、无法预料的情况。社会事件则包括国家政策、法律、法令的变更，战争、罢工等。

（3）加速施工索赔指当工程项目的施工遇到非承包人的原因引起的工程拖期时，可以给承包人工期延长，或要求承包人采取加速施工的措施，而采取加速施工则会增加工程成本，但可以使工程按计划工期建成（工程拖期索赔是由于非承包人的原因，使工程拖期。承包人为了完成合同规定的工程花费了较原来计划更长的时间和更多的开支）。

（4）合同变更索赔指由于发包人或工程师指令变更设计，增加或减少或删除部分工程局部的实施计划、变更施工次序等，造成工期延长和费用增加。合同变更表现为设计变更、承包人法变更、追加或者取消某些工作、合同其他规定的变更等。

（5）合同文件错误索赔指由于合同文件错误、遗漏、含糊不清导致的索赔。

（6）暂停施工或终止合同索赔指由于客观原因或违约而发生暂停施工或终止合同导致的索赔。

（7）发包人违约索赔指发包人违约常常表现为没有为承包人提供合同约定的施工条件、未按照合同约定的期限和数额付款等。工程师未能按照合同约定完成工作，如未能及时发出图纸、指令等也视为发包人违约，由于发包人违约导致承包人的索赔。

（8）发包人风险索赔指由于施工中发生了应由发包人承担的风险而导致承包人的索赔。

（9）承包人违约索赔指由于承包人违约导致发包人的索赔。

（10）缺陷责任索赔指由于承包人施工的质量缺陷导致发包人的索赔。

（11）其他索赔指如汇率变化，物价上涨，法令变更，发包人拖欠付款等引起的索赔。

4.2.2　按索赔目的分类

按索赔目的划分，索赔有工期索赔和费用索赔两种。

（1）工期索赔指承包人向发包人要求延长工期，合理顺延合同工期。由于合理的工期延长，可以使承包人免于承担工期延误造成的罚款。

（2）费用索赔指承包人要求取得合理的经济补偿，即要求发包人补偿不应该由承包人自己承担的经济损失或额外费用，或者发包人向承包人要求因为承包人违约导致发包人的损失。

4.2.3　按索赔的性质分类

（1）工程延误索赔；

（2）工程变更索赔；

（3）合同被迫终止的索赔；

（4）工程加速索赔；

（5）意外风险和不可预见因素索赔；

（6）其他索赔。

4.2.4　按索赔的合同对象分类

这也是按照合同的主体进行分类。索赔是在合同双方之间发生的。按合同对象的不同分为如下几种：

（1）发包人与承包人之间的索赔。这是施工过程中最常见的索赔形式，也是本书主要探讨的内容。发包人可以向承包人索赔，承包人也可以向发包人索赔。在本书中，考虑到承包人处于相对劣势，主要探讨和学习承包人向发包人的索赔。本书所说的发包人、承包人，也就是国际工程中所说的业主、承包商。

（2）总包商与分包商之间的索赔。总承包人向发包人负责，分包商向总承包人负责。按照他们之间的合同，分包商只能向总承包人提出索赔要求，如果是属于发包人方面的责任，再由总承包人向发包人提出索赔；如果是总承包人的责任，则由总承包人和分包商协商解决。

（3）与供货商之间的索赔。如果供货商违反供货合同的规定，如设备的规格、数量、质量标准、供货时间等，发包人或承包人（按照合同关系）有权向供货商提出索赔要求；反之亦然。

（4）向保险公司、运输公司的索赔，即发包人或承包人基于运输合同与保险合同提出的索赔要求。

4.2.5　按索赔的依据分类

（1）合同规定的索赔，也叫合同内的索赔。它是指索赔事项所涉及的内容在合同文件中能够找到明确的依据，发包人或承包人可以据此提出索赔要求。这些明文规定常称之为"明示条款"。

（2）非合同规定的索赔，也叫合同外的索赔。它是指索赔事项所涉及的内容已经超过合同规定的范围，在合同文件中没有明确的文字描述，但可以根据合同条件中某些条款的含义，合理推论出有一定索赔权。这些隐含在合同条款中的要求，常称为"默示条款"。

4.2.6　按索赔的处理方式分类

（1）单项索赔，也叫一事一索赔。它是指每一件索赔事项发生后，索赔管理人员针对该事项，在规定的索赔有效期内向工程师提出索赔要求，要求单项解决支付，不与其他的索赔事项混在一起。单项索赔通常原因单一，责任划分明确，分析处理比较简单。

（2）总索赔，又称为一揽子索赔。它是指对整个工程中所发生的索赔事项，综合在一起进行索赔。采用这种方式进行索赔，是在特定的情况下被迫采用的一种索赔方法。有时候在施工过程中受到非常严重的干扰，致使承包人的全部施工活动根本无法按照原来的计划进行，原来合同中规定的工作与变更后的工作相互混淆，承包人无法为索赔保持准确而详细的成本记录资料，无法分辨哪些费用是原定好的，哪些费用是新增的。在这种条件下无法采用单项索赔的方式，也就是说采用总索赔是一种无奈之举。如果承包必须采用总索赔的方式，必须事前征得工程师的同意，并且要能够提交以下证明材料：

① 承包人要证明自己的投标报价是合理的。

② 已经开支的实际总成本是合理的。

③ 承包人对实际成本的增加没有任何责任。

④ 由于索赔事项在施工过程中的特殊性，无法采用其他方法精确计算出实际的损失数额。

对于总索赔，因为在实际操作过程中涉及太多的争议因素，索赔的成功率并不高，在实际施工过程中应该尽量避免使用。

4.3　引起索赔的事件及有关合同条款

土木工程建设与一般工业产品的生产相比较，具有特殊的技术经济特点，具体表现为工期长、规模大、生产过程复杂、参与建设的单位多、建设的环节多。在建设施工过程中，由于水文地质条件变化影响，设计变更和各种人为干扰等多种原因，都会造成工程项目的实际工期和造价与计划的不一致，从而影响到合同各方的利益，这是由其建筑产品及其生产过程、建筑产品市场的经营方式等方面决定的。所以，在土木工程建设中，索赔经常发生，其原因是多方面的。当索赔事件发生后，各方都应依照合同，尊重事实，寻找对自己有利的条款，说明情况，利用恰当的谈判方式，妥善解决。下面就具体归纳一下工程中经常引起索赔事件的原因和有关合同条款。

4.3.1 合同缺陷

由于建设工程承包合同是在工程开始建设前签订的，一般来说，是基于对未来情况的预测和历史经验做出的。而工程本身和工程环境有许多不确定性，合同不可能对所有的问题做出预见和规定，合同中总会出现一些考虑不周的条款、缺陷和不足，如合同措辞不当，说明不清楚，二义性，构成合同文件的各部分文件规定不一致，从而导致合同履行过程中其中一方合同当事人的利益受到损害而向另一方提出索赔。由于合同一般是由发包人方起草的，因此，合同缺陷常常造成承包人就其缺陷引起的损失向发包人提出索赔。

4.3.2 合同理解差异

由于合同文件复杂，合同双方的立场和角度不同，以及工程经验、地域差异等原因，使得合同双方对合同理解产生差异，从而造成工程实施行为的失调，引起索赔。在工程投标报价中，承包人往往由于对合同理解的差异，使自己报价过低，从而遭受损失。为此，承包人往往通过索赔，申明己方对合同理解的合理性，并要求弥补损失。

【案例 4-1】 清单漏项导致的索赔

某污水处理厂工程，在工程实施阶段，承包方发现了清单中有漏项的问题：在清单上没有密封胶、橡胶板、渗水实验等相应的项目，而施工图是有这些工程内容的。承包人认为这是清单漏项而新增的额外工程，所以要求进行索赔；而发包人则认为合同价款中已经包括这部分工程内容，不应索赔工程款。

承包人的理由是：根据合同第 38.1 条款，工程量清单中应包含由承包人完成的施工、安装、实验和试运行的各个细目；

招标人的理由是：招标文件写明，达到合同要求所需要的全部费用均应包含在填入报价的工程量清单各项中，对未列出项目的费用应视为已分摊在工程有关的其他项目的单价或合价中。

4.3.3 发包人或承包人违约

合同规定了合同当事人双方权利、义务和责任，由于合同当事人双方中的一方违约，造成合同的另一方损失，则其可以向违约方要求赔偿，即索赔。如发包人未按规定时限向承包人支付工程款，工程师未按规定时间提供施工图纸等，承包人有权就这些发包人方的原因而引起的施工费用增加或工期延长向发包人提出索赔。反之，如果承包人未按合同约定的质量或工期交付工程等情况，则发包人可以向承包人索赔。

4.3.4 风险分担不均

土木工程建设市场在相当长的时期内一直是买方市场，虽然施工的风险相对于施工合同的双方均存在，但是发包人和承包人承担的合同风险并不均等，承包人承担着更大的风险。因此，承包人经常通过施工索赔，弥补风险引起的损失。

4.3.5 工程变更

在土木工程施工中，经常会发现许多招标文件中没有考虑或估算不准确的工程量，或者由于一些客观原因，而不得不改变施工项目或增减工程量。总之，当工程师发现设计、质量标准或施工顺序等方面的问题时，通常会进行工程变更，指示增加新工作，暂停施工或加速施工，改变材料或工程质量等，这些变更指令往往导致工程费用增加或工期拖延，使承包人蒙受损失。因此，承包人提出索赔要求以弥补自己不该承担的损失。

4.3.6 施工条件变化

由于土木工程承包施工工期长，受环境影响大，而在招投标阶段，如工程地质条件资料提供给承包人，而承包人也不可能通过现场查勘等方式将施工条件准确无误地确定下来。况且还有很多的自然条件和技术经济条件，不是人力所能控制得了的，因此，即使有经验的承包人也不可能将所有施工条件的变化情况都预见到，而由于施工现场条件的变化，往往会导致设计变更、暂停施工或工程成本的大幅度上升，从而使承包人蒙受损失。因此，承包人只有通过索赔来弥补自己不应承担的损失。

4.3.7 工程拖期

在土木工程施工中，由于受到气候、水文地质等自然条件和图纸等原因，经常造成工程不能按原计划进行，严重时造成工程竣工时间拖延。如果拖延的责任在发包人一方，则承包人有权就工期和费用的损失提出索赔。如果拖延的责任在承包人一方，则发包人有权向承包人提出索赔，即由承包人承担误期损害赔偿费。

4.3.8 工程所在国法令法规变化

工程所在国家的法令和法规的变化，如外汇管制、税率提高、提出更严格的强制性质量标准等，这些情况都可能使施工成本发生变化。如果法令法规的变化是在承包人投标报价前发生的（如 FIDIC 合同条件中规定投标截止日的 28 天以前），则认为此种变化已经在投标时考虑了。若此种变化在此时间之后发生，则按照国际惯例，允许调整合同价格。此时，则发生索赔。

4.3.9　土木工程特殊的技术经济特点

由于土木工程本身具有工期长、技术结构复杂、露天作业、投资多、材料设备需求量大、涉及的单位和环节多、影响工程本身和其环境的因素多等特殊的技术经济特点，使工程施工中，经常会出现工程本身发生变化，如设计变更，或者工程环境发生变化，如自然条件变化或建筑市场物价变化等，这些变化均造成工程费用的变化，因此，都可发生索赔。

4.3.10　工程参与单位多，关系复杂

由于土木工程项目建设中，参与的单位多，除了承包人与发包人之外，可能还有其他的承包人、分包商和材料设备供应商，还有设计单位，在工程施工过程中，可能由于某一个单位的工作出现失误，就会造成一系列的连锁反应，从而造成其他单位的损失，引起索赔。

【案例 4-2】　由于设计错误引起的索赔

某工程项目发包人与承包人签订了施工承包合同，由于设计图纸标注窗的位置有误，造成两处已施工完的地下室采光井拆除，并取消这两个窗，而此项采光井已经施工。为此承包人提出索赔，要求补偿采光井项目施工的工程费用和拆除采光井所发生的人工费和机械费。

【案例 4-3】　不可预见的物质条件引起的索赔

某工程项目发包人与承包人按照我国《建设工程施工合同(示范文本)》签订了施工承包合同。在进行人工挖孔桩施工时，其中因为遇到地下障碍物，使得已挖的 A 桩孔作废，原土回填，并增挖一个桩孔 B。就此事，承包人向发包人提出索赔，要求补偿挖 B 桩孔的工程费，以及填 A 桩孔的人工费。

4.4　索赔程序

4.4.1　工程索赔的处理原则

(1) 索赔必须以合同为依据；

(2) 及时、合理地处理索赔；

(3) 加强主动控制，减少工程索赔。

4.4.2　《建设工程施工合同(示范文本)》规定的工程索赔程序

当合同当事人一方向另一方提出索赔时，要有正当的索赔理由，且有索赔事件发生时的有效证据。发包人未能按合同约定履行自己的各项义务或发生错误以及第三方原因，给承包人造成延期支付合同价款、延误工期或其他经济损失，包括不可抗力延误的工期。

（1）承包人提出索赔申请。索赔事件发生28天内，向工程师发出索赔意向通知。合同实施过程中，凡不属于承包人责任导致项目拖期和成本增加事件发生后的28天内，必须以正式函件通知工程师，声明对此事项要求索赔，同时仍须遵照工程师的指令继续施工。逾期申报时，工程师有权拒绝承包人的索赔要求。

（2）发出索赔意向通知后28天内，向工程师提出补偿经济损失和(或)延长工期的索赔报告及有关资料；正式提出索赔申请后，承包人应抓紧准备索赔的证据资料，包括事件的原因、对其权益影响的证据资料、索赔的依据，以及其他计算出的该事件影响所要求的索赔额和申请展延工期天数，并在索赔申请发出的28天内报出。

（3）工程师审核承包人的索赔申请。工程师在收到承包人送交的索赔报告和有关资料后，于28天内给予答复，或要求承包人进一步补充索赔理由和证据。接到承包人的索赔信件后，工程师应该立即研究承包人的索赔资料，在不确认责任属谁的情况下，依据自己的同期记录资料客观分析事故发生的原因，依据有关合同条款，研究承包人提出的索赔证据。必要时还可以要求承包人进一步提交补充资料，包括索赔的更详细说明材料或索赔计算的依据。工程师在28天内未予答复或未对承包人做进一步要求，视为该项索赔已经认可。

（4）当该索赔事件持续进行时，承包人应当阶段性向工程师发出索赔意向，在索赔事件终了后28天内，向工程师提供索赔的有关资料和最终索赔报告。

（5）工程师与承包人谈判。双方各自依据对这一事件的处理方案进行友好协商，若能通过谈判达成一致意见，则该事件较容易解决。如果双方对该事件的责任、索赔款额或工期展延天数分歧较大，通过谈判达不成共识的话，按照条款规定工程师有权确定一个他认为合理的单价或价格作为最终的处理意见报送发包人并相应通知承包人。

（6）发包人审批工程师的索赔处理证明。发包人首先根据事件发生的原因、责任范围、合同条款审核承包人的索赔申请和工程师的处理报告，再根据项目的目的、投资控制、竣工验收要求，以及针对承包人在实施合同过程中的缺陷或不符合合同要求的地方，提出反索赔方面的考虑，决定是否批准工程师的索赔报告。

（7）承包人是否接受最终的索赔决定。承包人同意了最终的索赔决定，这一索赔事件即告结束。若承包人不接受工程师单方面决定或发包人删减的索赔或工期展延天数，就会导致合同纠纷。通过谈判和协调双方达成互让的解决方案是处理纠纷的理想方式。如果双方不能达成谅解就只能依靠仲裁或者诉讼。

4.4.3 FIDIC合同条件规定的工程索赔程序

FIDIC合同条件只对承包人的索赔做出了规定。

（1）承包人发出索赔通知。如果承包人认为有权得到竣工时间的任何延长期和(或)任何追加付款，承包人应当向工程师发出通知，说明索赔的事件或情况。该通知应当尽快在承包人察觉或者应当察觉该事件或情况后28天内发出。

（2）承包人未及时发出索赔通知的后果。如果承包人未能在上述28天期限内发出索赔通知，则竣工时间不得延长，承包人无权获得追加付款，而发包人应免除有关该索赔的全部责任。

（3）承包人递交详细的索赔报告。在承包人察觉或者应当察觉该事件或情况后42天内，或在承包人可能建议并经工程师认可的其他期限内，承包人应当向工程师递交一份充分详细的索赔报告，包括索赔的依据、要求延长的时间和（或）追加付款的全部详细资料。如果引起索赔的事件或者情况具有连续影响，则：

① 上述充分详细索赔报告应被视为中间的；

② 承包人应当按月递交进一步的中间索赔报告，说明累计索赔延误时间和（或）金额，以及所有可能的合理要求的详细资料；

③ 承包人应当在索赔的事件或者情况产生影响结束后28天内，或在承包人可能建议并经工程师认可的其他期限内，递交一份最终索赔报告。

（4）工程师的答复。工程师在收到索赔报告或对过去索赔的任何进一步证明资料后42天内，或在工程师可能建议并经承包人认可的其他期限内，做出回应，表示批准、或不批准、或不批准并附具体意见。工程师应当商定或者确定应给予竣工时间的延长期及承包人有权得到的追加付款。

4.4.4 索赔在各环节的操作方法

（1）索赔的辨识

对施工中产生的合同争议和索赔问题，首先应进行初步分析和评估，辨识索赔的种类及其产生的原因，确定索赔成功的可能性和可行性。要确定该索赔在合同条款下的依据是否充分，证据是否确凿，初步估计索赔的金额、划分重大索赔问题和小的索赔问题，审查合同中是否有提出索赔的时间限制，以便制定索赔计划。

（2）制定索赔计划

对于工程项目多、合同额大、索赔问题繁杂的承包公司，索赔人员应确定索赔目标，编制周密的索赔计划，分清轻重缓急，确定一段时间内重点解决哪几个索赔问题，实现的索赔金额有多大。要分清哪些索赔问题具有代表性，以重点突破一个工程项目的索赔问题，带动其他工程项目的索赔。一般应先解决索赔金额大、有代表性的索赔问题，同时，将有索赔时间限制的索赔问题在规定的时间内提出，防止失去索赔的权利。对于双方争议小、金额大的索赔问题，可放在前一阶段解决；对于双方争议大、金额小的索赔问题可放在后一阶段解决。制定索赔目标和计划，一定要切实可行，重点突出，以便指导索赔工作按计划进行。应定期召开索赔会议，检查索赔计划的进展和执行情况，保证索赔计划的实施。同时，对新出现的索赔项目，在确定其价值后，也可根据新的情况，调整索赔计划，使计划具有一定的灵活性。

（3）准备并提交索赔报告

① 准备索赔报告。在制定索赔计划时，索赔人员应着手准备索赔的依据，包括法律依据和事实依据。首先，应分析工程记录和合同文件，确定发包人赔偿的

责任，定性分析发包人赔偿责任。然后，进行工期调整和费用分析，确定要求延长的工期和补偿的费用金额，定量确定发包人赔偿费用的大小。索赔报告的准备是索赔的一个重要环节。索赔的依据是否充分、赔偿费用的计算是否准确、索赔报告是否令人信服，关系着成败。

② 提交索赔报告。在准备好索赔报告后，承包人的索赔人员应根据合同提出索赔的规定，适时提交索赔报告，为索赔谈判做好准备。有时需要尽早提交索赔报告，以便发包人做好谈判的准备；有时又需要在某单项或整个工程完工后再提交索赔报告，防止发包人在施工中找岔子，影响正常的施工。

（4）索赔谈判

谈判协商是解决索赔的最佳途径，具有时间短、费用省、有利于保持双方合作关系的优点，很多索赔都是通过谈判解决的。索赔人员应做好谈判准备，本着实事求是、真诚合作的态度，灵活运用各种谈判技巧，尽早采用谈判的方式解决索赔。

（5）解决索赔

解决索赔的方式包括谈判协商、调解、仲裁、诉讼和放弃索赔。索赔人员应根据索赔的价值、合同的规定以及发包人的态度，选择最佳的解决索赔的方式。一般应尽量采用谈判协商的方式解决。在协商不成时，对于重大索赔项目，可采用调解、仲裁甚至诉讼的方式解决，对于金额小、争议大的索赔项目可放在后一阶段解决，必要时，为保持双方的合作关系和重大索赔项目的解决，也可以放弃索赔。

索赔的操作程序：

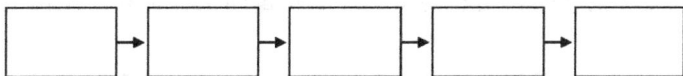

4.5 索赔的主要依据

为了达到索赔成功的目的，承包人必须进行大量的索赔论证工作，以大量的证据来证明自己拥有索赔的权利、应得的索赔款额和索赔工期。对于发包人来说，发包人的索赔也必须有切实的依据证明自己有权进行索赔。因此，在进行施工索赔时，承包人和发包人均应善于从合同文件和施工记录等资料中寻找索赔的依据，在提出索赔要求或反驳对方的索赔要求的同时，提出必要的依据资料。可以作为索赔依据的主要有招投标文件、合同、现场的施工记录等资料。

4.5.1 招标文件、合同文本及附件

招标文件、合同文本如 FIDIC《施工合同》中的通用条件和专用条件，以及我国施工合同示范文本中的通用条款和专用条款，不仅是承包人投标报价的依据

和构成工程合同文件的基础，而且是施工索赔时计算索赔费用的依据。

施工合同协议书；合同双方在签约前就中标价格、施工计划、合同条件等问题进行的各种讨论纪要文件；以及其他各种签约的备忘录和修正案等资料，都可以作为承包人索赔计价的依据。例如，在我国现行的《建设工程施工合同(示范文本)》中，协议书中主要包括工程概况、工程承包范围、合同工期、质量标准、合同价款、组成合同的文件，以及承包人向发包人承诺按照合同约定进行施工竣工，并在质量保修期内承担工程质量保修责任、发包人向承包人承诺按照合同约定的期限和方式支付合同价款及其他应当支付的款项和合同生效等。如果实际工期超出合同工期，根据造成原因的不同，就会发生承包人索赔或发包人索赔。如果承包人的施工质量没有达到协议书中规定的质量标准，就会发生质量缺陷索赔等。

其中工程范围说明中所规定范围是承包人报价的范围，当实际施工中工程师或发包人要求承包人实施此范围以外的工作时，就构成了额外工程。承包人就可依据招标文件中的工程范围说明向发包人提出工程范围变更的索赔。

其中施工技术规范是承包人在报价时考虑承包人案的主要依据之一，如果施工技术规范发生变化，就会带来工程成本的增加或降低。因此也是发生索赔或计算索赔额的依据。

招标文件中所提供的现场水文地质资料是承包人工程报价时所依据的重要资料。虽然合同中规定承包人应当对自己的资料解释负责，但如果发生一个有经验的承包人也无法预见到的水文地质条件变化，承包人仍有权索赔。

工程量表中给出的工程量虽然是估算工程量，只供报价时使用。但是许多合同条件中都规定当实际工程量变化很大时，如超过 25%，则允许对单价进行调整。这种情况下所发生的索赔，当然要将实际工程量同工程量表中给出的工程量进行比较。

施工合同文本中的通用条件(款)和专用条件(款)，是索赔的最直接依据。与索赔有关的条款可分为明示条款和默示条款两种。明示条款是指形成合同文件的所有的文字叙述部分中明文写出的各项条款或规定。当合同的一方违反了此条款即构成违约，另一方就可依据此条款进行索赔。默示条款是指在合同的明文条款中没有写入但符合合同双方签约时的设想愿望和当时的环境条件的一切条款。默示条款一般是依据实践惯例、法律法规、客观事实等所形成的。当出现合同中规定由对方负责或应当承担风险的原因而造成己方损失时，就可以依据合同条款向对方提出索赔。

4.5.2 投标文件和中标通知书

在投标文件中，承包人提出主要分部分项工程的承包方案，按照工程量清单进行综合单价分析计算，对施工效率和施工进度进行分析，对施工所需的材料与设备列出数量和单价，从而成为承包人投标报价的成果文件，最终以此中标。因此，投标文件就成为合同文件的组成部分，也就成为施工索赔依据之一。当采用单价合同时，如 FIDIC《施工合同条件》中，发包人按照实际工程量与承包人在投标文件中所报单价的乘积来支付工程款。投标文件中的单价就成为索赔时索赔费用计算的一个重要依据。

4.5.3 往来的书面文件

在合同实施过程中，会有大量的发包人、承包人、工程师之间的来往书面文件，如发包人的各种认可信与通知，工程师或发包人发出的各种指令，如工程变更令、加速施工令等，以及对承包人提出问题的书面回答和口头指令的确认信等，这些信函(包括电传、传真资料等)都将成为索赔的证据。因为，索赔成立的条件之一就是要有证据证明索赔事项确实发生，并且确实造成损失，而且其产生的原因是应由对方负责的。因此，来往的信件一定要留存，自己的回复也要留底。同时，承包人要注意对工程师的口头指令及时进行书面确认，从而在索赔事项发生时，可以提供这些书面资料作为证据。

4.5.4 会议记录

在标前会议和决标前的澄清会议纪要，在合同实施过程中，发包人、工程师和承包人定期和不定期的工地会议，如施工协调会议，施工进度变更会议，施工技术讨论会议等，在这些会议上研究实际情况作出决议或决定。这些会议记录均构成索赔的依据，但应注意这些记录若想成为证据，必须经各方签署才有法律效力。因此，对于会议应建立审阅制度，即由做纪要的一方写好纪要稿，送交参会各方传阅核签，如果有不同意见须在规定期限内提出或直接修改，若不提出意见则视为同意(这个程序需要由参会各方在项目开始前商定)。

4.5.5 施工进度计划及实际进度记录

经过发包人或工程师批准的施工进度计划和修改计划，实际进度记录和月进度报表是进行索赔的重要证据。进度计划中不仅表明了施工顺序和工作计划持续时间，而且还直接影响到劳动力、材料、施工机械和设备的计划安排，如果由于非承包人原因使承包人的实际进度落后于计划进度或发生工程变更，则这类资料对承包人索赔能否成功起到极其重要的作用。因为，在计算工期延长的索赔时，必须依据批准的施工进度计划进行工期影响分析，判断总工期的变化幅度。同时，应注意在实际施工中，施工进度计划不是一成不变的，它是随着工程的进展不断进行调整和修订的。每次工期影响分析，都是在经工程批准的最新调整后的施工进度计划基础上进行的。因此，批准的施工进度计划和调整计划是工期分析的基础，也是工期索赔的主要依据。

4.5.6 施工现场工程文件

施工现场工程文件包括现场施工记录、施工备忘录、各种施工台账、工时记录、质量检查记录、施工设备使用记录、建筑材料进场和使用记录、工长或检查员以及技术人员的工作日记、监理工程师填写的施工记录和各种签证，各种工统计资料如周报、月报，工地的各种交接记录如图纸交接记录、施工场地交接记录、工程中停电记录等资料，这些资料构成工程实际状态的证据，是工程索赔时必不可少的依据。但需要注意，各种记录应由负责人签字，有的还需要监理工程师签字。对于工作日志等资料不得缺页，不得补写等。

4.5.7　工程照片、录像资料

工程照片和录像作为索赔证据最为直观，并且在照片上最好注明日期。其内容可以包括：工程进度照片和录像、隐蔽工程覆盖前的照片和录像、发包人责任或风险造成的返工或工程损坏的照片和录像等。这些资料反映损失真实可信，因此，对于重大的索赔事项一定要有照片或录像。

4.5.8　检查验收报告和技术鉴定报告

在工程中的各种检查验收报告，如隐蔽工程验收报告、材料试验报告、试桩报告、材料设备开箱验收报告、工程验收报告以及事故鉴定报告等，这些报告构成对承包人工程质量的证明文件，因此成为工程索赔的重要依据。

4.5.9　工程财务记录文件

工程财务记录文件包括工人劳动计时卡和工资单、工资报表、工程款账单、各种收付款原始凭证、总分类账、管理费用报表、工程成本报表、材料和零配件采购单等财务记录文件。它是对工程成本的开支和工程款的历次收入所做的详细记录，是工程索赔中必不可少的索赔款额计算的依据。

4.5.10　现场气象记录

工程水文气象条件变化，经常引起工程施工的中断或工效降低，甚至造成在建工程的破损，从而引起工期索赔或费用索赔。尤其是遇到恶劣的天气，一定要做好记录，并且请工程师签字。这方面的记录内容通常包括：每月降水量、风力、气温、水位、施工基坑地下水状况等，对地震、海啸和台风等特殊自然灾害更要随时做好记录。

4.5.11　市场行情资料

市场行情资料，包括市场价格、官方公布的物价指数、工资指数、中央银行的外汇比率等资料。它们可以作为计算人工费、计算物价上涨的损失、计算汇兑损失的重要基础数据，是索赔费用计算的重要依据。

4.5.12　政策法规文件

政策法规文件是指工程所在国的政府或立法机关公布的有关国家法律、法令或政府文件，如货币汇兑限制指令，外汇兑换率的决定，调整工资的决定，税收变更指令，工程仲裁规则等。这些文件直接影响到承包人的收益，因此，这些文件对工程结算和索赔具有重要的影响，承包人必须高度重视。例如，我国施工合同签订时，往往在合同中规定，物价变动的影响按当地工程造价管理部门颁布的工程造价结算文件规定的方式执行。一旦这些规定发生变化，就会带来工程造价的变动，因此，由此变动带来的索赔主要依据就是这些政策法规文件。

【案例 4-4】 索赔证据的提供

某承包人通过竞争性投标中标承建一写字楼工程。合同中标价为 560 万人民币。采用《建设工程施工合同（示范文本）》签订合同。在工程施工过程中，由于地基出现问题，而被迫修改设计，造成多项变更，并且修改的图纸总是延误，并且多次发生已施工完毕的部分又发生变更，被发包人指令拆除。因此，承包人提出工期索赔和费用索赔的要求，并提供索赔证据以证明索赔的合理性。

承包人提供的索赔证据有：合同文本，地基出现问题时工程师签发的暂停施工指令和复工指令，经工程师批准的施工进度计划和修改计划，承包人的施工记录，工程师签发的变更指令，承包人签收图纸的记录，拆除时的用工量记录，工地会议记录，实际进度记录，投标报价单，实际工效记录，施工机械进场记录和租赁费单据等。

应当注意，索赔证据提供的目的有两个，一个是证明自己有权索赔，另一个就是证明自己的索赔计算合理。因此，在提供证据时，就应当从这两个方面来进行考虑。

4.6 索赔的计算

4.6.1 索赔费用的构成

索赔费用的构成和施工项目中标时的合同价的构成是一致的，索赔款是超出原来报价的增加部分。我国关于施工承包合同价的构成规定与国际工程合同价的构成不完全一致，所以在索赔费用的构成上也有所不同。按照我国现行规定，建筑安装工程合同价一般包括直接费、间接费、利润和税金几部分。

直接费：直接工程费、措施费。

间接费：企业管理费、规费。

利润：指施工企业完成所承包工程获得的盈利。

税金：营业税、城市维护建设税、教育费附加。

以工程量清单计价模式进行工程价款的索赔和结算时，其费用构成形式有所不同，建安工程费的构成包括分部分项工程项目费、措施项目费、其他项目费、规费、税金，其中索赔费用的计算主要是确定分部分项工程或措施项目的综合单价。

4.6.2 可索赔的费用

当承包人提出一项索赔要求时，要详细计算自己的索赔款额，明确自己的计算方法和计算依据以供工程师审查与核对。索赔款中具体的各种索赔费用包括以下几个方面。

(1) 人工费

包括增加工作内容的人工费、停工损失费和工作效率降低的损失费等的累积，注意不能简单地用计日工费计算。

要计算索赔的人工费，就要知道人工费的单价和该项工程的人工消耗量。

人工单价的确定，有几种情况：如果是窝工，单价按照合同约定的窝工人工单价计算；如果是已有工程项目工程量的增加，在增加的规定幅度内，单价按照合同单价计算。如果增加的工程量超过了合同约定的幅度，可以按额外工程考虑；如果是额外工程，要按照国家或地区统一制定发布的人工费标准计算（注意人工单价是有时间性的，随着物价的上涨，人工单价要按照造价文件进行调整）。

在确定人工单价的时候，要认真分析人工费的上涨可能带来的影响。如果因为工程拖期，使得大量工作推迟到人工费涨价以后的阶段进行，人工费会大大超过计划标准。这时在进行单价计算时，一定要考虑明确工程延期的责任，以确定相应的人工费的合理单价。如果施工现场同时有人工费单价的提高和施工效率的降低，则在人工费计算时要分别考虑两种情况对人工费的影响，分别进行计算。

人工的消耗量，要按照现场实际记录，工人的工资单据，以及相应定额中的人工的消耗量定额来确定。如果涉及现场施工效率降低，要做好实际效率的现场记录，与报价单中的施工效率相比较，确定出实际增加的人工数量。

(2) 材料费的计算

要计算索赔的材料费，同样要知道增加的材料用量和相应材料的单价。

材料单价的计算，首先要明确材料价格的构成。材料的价格包括材料原价、包装费、运输费、运输损耗费、采购保管费等几部分。如果不涉及材料价格的上涨，可以直接按照投标报价中的材料的价格进行计算。如果涉及材料价格的上涨，则要按照材料价格的构成，按照可靠的订货单、采购单，或者官方公布的材料价格调整指数，重新计算材料的市场价格。

材料价格＝（材料原价＋包装费＋运输费＋运输损耗费）×（1＋采购保管费率）－包装品回收价值

增加材料用量的计算，要依据增加的工程量，根据相应材料消耗定额规定的材料消耗量指标确定实际增加的材料用量。

材料费＝材料价格×工程量×每单位工程量材料消耗量标准

(3) 施工机械使用费的计算

施工机械使用费的计算，按照具体机械的情况，有不同的处理方法。

① 如果是工程量增加，可以按照报价单中的机械台班费用单价和相应工程增加的台班数量，计算增加的施工机械使用费。如果因工程量的变化，双方协议对合同价进行了调整，则按照调整以后的新单价进行机械使用费的计算。

② 如果是由于非承包人的原因导致施工机械窝工闲置，窝工费的计算要区别承包人是自有机械还是租赁机械，应分别进行计算。

对于承包人自有机械设备，窝工机械费仅按照折旧台班费计算。如果使用租赁的设备，且租赁价格合理，又有可靠的租赁收据，就可以按租赁价格计算窝工的机械台班使用费。

③ 施工机械降效。如果实际施工中因为受到非承包人的原因导致的施工效率降低，承包人将不能按照原定计划完成施工任务。工程拖期后，会增加相应的施工机械费用。确定机械降低效率导致的机械费的增加，可以考虑按以下公式计算增加的机械台班数量：

$$实际台班数量＝计划台班数量×\left(1＋\frac{原定效率－实际效率}{实际效率}\right)$$

其中的原定效率是合同报价中所报的施工效率，实际效率是受到干扰以后现场的实际施工效率。知道了实际所需的机械台班数量，可以按下式计算出施工机械效率降低导致增加的机械台班数量：

$$增加机械台班数量＝实际台班数量－计划台班数量$$

则机械效率降低增加的机械费为：

$$机械效率降低增加的机械费＝机械台班单价×增加机械台班数量$$

（4）保函手续费

工程延期时，保函手续费相应增加，反之，取消部分工程且发包人与承包人达成提前竣工协议时，承包人的保函金额相应折减，则计入合同价内的保函手续费也应扣减。

（5）贷款利息

（6）保险费

（7）利润

一般来说，对于工程延误的索赔，由于利润通常是包括在每项实施的工程内容的价格之内，而单纯的延误工期并未影响或者减少某些项目的实施，从而导致利润的减少，所以一般工程师很难同意在延误的费用索赔中加进利润损失。

（8）管理费

在不同的索赔事件中可以索赔的费用是不同的。在我国的《标准施工招标文件》中合同条款规定可以合理补偿承包人的索赔的条款如表 4-1 所示。

索赔的条款（1）　　　　　　　　　表 4-1

序号	条款号	主　要　内　容	可补偿费用		
			工期	费用	利润
1	1.10.1	施工过程中发现文物、古迹以及其他遗迹、化石、钱币或物品	√	√	
2	4.11.2	承包人遇到不利物质条件	√	√	
3	5.2.4	发包人要求向承包人提前交付材料和工程设备		√	
4	5.2.6	发包人提供的材料和工程设备不符合合同要求	√	√	√
5	8.3	发包人提供基准资料错误，导致承包人的返工或造成工程损失	√	√	√
6	11.3	发包人的原因造成工期延误	√	√	√

续表

序号	条款号	主　要　内　容	可补偿费用		
			工期	费用	利润
7	11.4	异常恶劣的气候条件	√		
8	11.6	发包人要求承包人提前竣工		√	
9	12.2	发包人原因引起的暂停施工	√	√	√
10	12.4.2	发包人原因造成暂停施工后无法按时复工	√	√	
11	13.1.3	发包人原因造成工程质量达不到合同约定验收标准的	√	√	
12	13.5.3	监理人对隐蔽工程重新检查，经检验证明工程质量符合合同要求的	√	√	√
13	16.2	法律变化引起的价格调整		√	
14	18.4.2	发包人在全部工程竣工前，使用已接受的单位工程导致承包人费用增加	√	√	√
15	18.6.2	发包人的原因导致试运行失败	√		
16	19.2	发包人原因导致的工程缺陷和损失		√	√
17	21.3.1	不可抗力	√		

　　而在 FIDIC 合同条件中，索赔的内容和条款有所不同，见表 4-2 所示。

索赔的条款（2）　　　　　　　　　　　　　　表 4-2

序号	条款号	主　要　内　容	可补偿内容		
			工期	费用	利润
1	1.9	延误发放图纸	√	√	√
2	2.1	延误移交施工现场	√	√	√
3	4.7	承包人依据工程师提供的错误数据导致放线错误	√	√	√
4	4.12	不可预见的外界条件	√	√	
5	4.24	施工中遇到文物和古迹	√	√	
6	7.4	非承包人原因检验导致施工延误	√	√	√
7	8.4(a)	变更导致竣工时间的延长	√		
8	(c)	异常不利的气候条件	√		
9	(d)	由于传染病或其他政府行为导致工期的延误	√		
10	(e)	发包人或其他承包人的干扰	√		
11	8.5	公共当局引起的延误	√		
12	10.2	发包人提前占用工程		√	√
13	10.3	对竣工检验的干扰	√	√	
14	13.7	后续法规引起的调整	√	√	
15	18.1	发包人办理的保险未能从保险公司获得补偿部分		√	
16	19.4	不可抗力事件造成的损害	√	√	

【案例 4-5】 对案例 3-2 进行索赔分析

作为承包人，应如何进行索赔呢？首先应收集索赔证据，对工期与相应的费用进行分析与计算，在索赔规定的时限内上报相关的索赔文件后，才能形成有效的索赔。注意此案例中，除事件本身的损失，关键还要计算由此事件引起对工程施工工期、人员窝工、机械闲置等的影响。施工单位应连续提出索赔意向书、索赔报告，不仅仅要索赔工期，同时还要索赔费用。

4.6.3 工期索赔

工程索赔的计算主要有网络图分析和比例计算法两种。

网络分析法是利用进度计划的网络图，分析其关键线路。如果延误的工作为关键工作，则总延误的时间为批准顺延的工期；如果延误的工作为非关键工作，当该工作由于延误超过时差限制而成为关键工作时，可以批准延误时间与时差的差值；若该工作延误后仍为非关键工作，则不存在工期索赔问题。

比例计算法：

对于已知部分工程的延期的时间：

工期索赔值＝受干扰部分工程的合同价/原合同总价×该受干扰部分工期拖延时间

对于已知额外增加工程量的价格：

工期索赔值＝额外增加的工程量的价格/原合同总价×原合同总工期

在工期索赔中特别应该注意以下问题：

(1) 划清施工进度拖延的责任。

(2) 被延误的工作应是处于施工进度计划关键线路上的施工内容。

【案例 4-6】 某厂(甲方)与某建筑公司(乙方)订立了某工程项目施工合同，同时与某降水公司订立了工程降水合同。甲乙双方合同规定：采用单价合同，每一分项工程的实际工程量增加(或减少)超过招标文件中工程量的 10％以上时调整单价；工作 B、E、C 作业使用的主导施工机械一台(乙方自备)，台班费为 400 元/台班，其中台班折旧费为 50 元/台班。施工网络计划见图 4-1 所示。

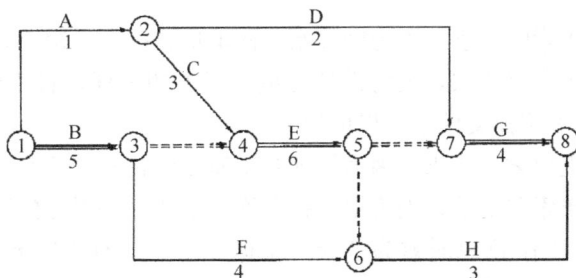

图 4-1　施工网络计划图(天)

施工网络计划图(箭线上方为工作名称，箭线下方为

持续时间，双箭线为关键线路)

甲乙双方合同约定 8 月 15 日开工。工程施工中发生如下事件：

(1) 降水方案错误，致使工作 D 推迟 2 天，乙方人员配合用工 5 个工日，窝工 6 个工日；

(2) 8 月 21 日～8 月 22 日，场外停电，停工 2 天，造成人员窝工 16 个工日；

(3) 因设计变更，工作 E 工程量由招标文件中的 300m³ 增至 350m³，超过了 10%；合同中该工作的综合单价为 55 元/m³，经协商调整后综合单价为 50 元/m³；

(4) 为保证施工质量，乙方在施工中将工作 B 原设计尺寸扩大，增加工程量 15m³，该工作综合单价为 78 元/m³；

(5) 在工作 D、E 均完成后，甲方指令增加一项临时工作 K，经核准，完成该工作需要 1 天时间，机械 1 台班，人工 10 个工日。

问：(1) 上述哪些事件乙方可以提出索赔要求？哪些事件不能提出索赔要求？说明其原因。

(2) 每项事件工期索赔各是多少？总工期索赔多少天？

(3) 工程结算价应为多少？

(4) 假设人工工日单价为 25 元/工日，合同规定窝工人工费补偿标准为 12 元/工日，因增加用工所需管理费为增加人工费的 20%，工作 K 的综合取费为人工费的 80%。试计算除事件 3 外合理的费用索赔总额。

本案例考核合同的计价及价格调整方式，索赔的分类，索赔事件的责任划分，工期索赔、费用索赔的计算及应用网络计划技术处理工程索赔的方法。

问题 1 的解答要求逐项事件说明乙方能否提出索赔要求，是什么原因造成的，属于谁的责任。

问题 2、4 的解答要求正确计算出每项可索赔事件的工期索赔和费用索赔值，要求列出计算式计算。

问题 3 的解答，要求理解单价合同计价方式，单价调整的方法，正确列出计算式计算。

解：(1) 事件 1 可提出索赔要求，因为降水工程由甲方另行发包，是甲方的责任。

事件 2 可提出索赔要求，因为因停水、停电造成的人员窝工是甲方的责任。

事件 3 可提出索赔要求，因为设计变更是甲方的责任，且工作 E 的工程量增加了 50m³，超过了招标文件中工程量的 10%。

事件 4 不应提出索赔要求，因为保证施工质量的技术措施费应由乙方承担。

事件 5 可提出索赔要求，因为甲方指令增加工作，是甲方的责任。

(2) 事件 1：工作 D 总时差为 8 天，推迟 2 天，尚有总时差 6 天，不影响工期，因此可索赔工期 0 天。

事件 2：8 月 21 日～8 月 22 日停工，工期延长，可索赔工期为 2 天。

事件 3：因工作 E 为关键工作，可索赔工期：(350－300)/(300/6)＝1 天。

事件 5：因 E、G 均为关键工作，在该两项工作之间增加工作 K，则工作 K 也为关键工作，索赔工期：1 天。

总计索赔工期：0＋2＋1＋1＝4 天。

（3）按原单价结算的工程量：300×（1＋10％）＝330m³

按新单价结算的工程量：350－330＝20m³

总结算价＝330×55＋20×50＝19150 元

（4）事件 1：人工费：6×12＋5×25×（1＋20％）＝222 元

事件 2：人工费：16×12＝192 元

机械费：2×50＝100 元

事件 5：

人工费：10×25×（1＋80％）＝450 元

机械费：1×400＝400 元

合计费用索赔总额为：222＋192＋100＋450＋400＝1364 元

【案例 4-7】 某建设工程系外资贷款项目，发包人与承包人按照 FIDIC《土木工程施工合同条件》签订了施工合同。施工合同《专用条件》规定：钢材、木材、水泥由发包人供货到现场仓库，其他材料由承包人自行采购。

当工程施工至第五层框架柱钢筋绑扎时，因发包人提供的钢筋未到，使该项作业从 10 月 3 日～10 月 16 日停工(该项作业的总时差为零)。

10 月 7 日～10 月 9 日因停电、停水使第三层的砌砖停工(该项作业的总时差为 4 天)。

10 月 14 日～10 月 17 日因砂浆搅拌机发生故障使第一层抹灰推迟开工(该项作业的总时差为 4 天)。

为此，承包人于 10 月 20 日向工程师提交了一份索赔意向书，并于 10 月 25 日送交了一份工期、费用索赔计算书和索赔依据的详细材料。其计算书的主要内容如下：

（1）工期索赔：

① 框架柱扎筋　　　10 月 3 日～10 月 16 日停工，计 14 天

② 砌砖　　　　　　10 月 7 日～10 月 9 日停工，计 3 天

③ 抹灰　　　　　　10 月 14 日～10 月 17 日推迟开工，计 4 天

总计请求顺延工期：21 天

（2）费用索赔：

① 窝工机械设备费：

一台塔吊　　14×234＝3276 元

一台混凝土搅拌机　　14×55＝770 元

一台砂浆搅拌机　　7×24＝168 元

小计：4214 元

② 窝工人工费：

扎筋　　35 人×20.15×14＝9873.50 元

砌砖　　30 人×20.15×3＝1813.50 元

抹灰 35 人×20.15×4＝2821.00 元

小计：14508.00 元

③ 保函费补偿：1500×10％×0.6％/365×21＝517.81 元

④ 管理费：（4214＋14508.00＋517.81）×15％＝2885.97 元

⑤ 利润：（4214＋14508.00＋517.81＋2885.97）×5％＝1106.29 元

经济索赔合计：23232.07 元

问：（1）承包人提出的工期索赔是否正确？应予批准的工期索赔为多少天？

（2）假定经双方协商一致，窝工机械设备费索赔按台班单价的 65％计；考虑对窝工人工应合理安排工人从事其他作业后的降效损失，窝工人工费索赔按每工日 10 元计；保函费计算方式合理；管理费、利润损失不予补偿。试确定经济索赔额。

分析要点：

该案例主要考核工程索赔成立的条件与索赔责任的划分，工期索赔、费用索赔计算与审核。分析该案例时，要注意网络计划关键线路，工作的总时差的概念及其对工期的影响，因非承包人原因造成窝工的人工与机械增加费的确定方法。

解：（1）承包人提出的工期索赔不正确。

① 框架柱绑扎钢筋停工 14 天，应予工期补偿。这是由于发包人原因造成的，且该项作业位于关键路线上；

② 砌砖停工，不予工期补偿。因为该项停工虽属于发包人原因造成的，但该项作业不在关键路线上，且未超过工作总时差；

③ 抹灰停工，不予工期补偿，因为该项停工属于承包人自身原因造成的。

同意工期补偿，补偿工期为 14＋0＋0＝14 天

（2）经济索赔审定：

① 窝工机械费

塔吊 1 台：14×234×65％＝2129.4 元（按惯例闲置机械只应计取折旧费）。

混凝土搅拌机 1 台：14×55×65％＝500.5 元（按惯例闲置机械只应计取折旧费）。

砂浆搅拌机 1 台：3×24×65％＝46.8 元（因停电闲置只应计取折旧费）。

因故障砂浆搅拌机停机 4 天应由承包人自行负责损失，故不给补偿。

小计：2129.4＋500.5＋46.8＝2676.7 元

② 窝工人工费

扎筋窝工：35×10×14＝4900 元（发包人原因造成，但窝工工人已做其他工作，所以只补偿工效差）；

砌砖窝工：30×10×3＝900 元（发包人原因造成，只考虑降效费用）；

抹灰窝工：不应给补偿，因系承包人责任。

小计：4900＋900＝5800 元

③ 保函费补偿

$1500×10\%×6‰÷365×14＝0.035$ 万元

经济补偿合计：$2676.7＋5800＋350＝8826.70$ 元

4.6.4 《工程量清单计价规范》(08 版)对索赔和现场签证的规定

08 规范对索赔和现场签证作出了详细的规定，有关规定如下：

(1) 合同一方向另一方提出索赔时，应有正当的索赔理由和有效证据，并应符合合同的相关规定。

(2) 若承包人认为非承包人原因发生的事件造成了承包人的经济损失，承包人应在确认该事件发生后，按合同约定向发包人发出索赔通知。

发包人在收到最终的索赔报告后并在合同约定时间内，未向承包人做出答复的，视为该项索赔已经认可。

(3) 承包人索赔按下列程序处理：

① 承包人在合同约定的时间内向发包人递交费用和索赔意向通知书；

② 发包人指定专人收集与索赔有关的资料；

③ 承包人在合同约定的时间内向发包人递交费用索赔申请表；

④ 发包人指定的专人初步审查费用索赔申请表，符合 08 规范第 4.6.1 条规定的条件时予以受理(即合同一方向另一方提出索赔时，应有正当的索赔理由和有效证据，并应符合合同的相关规定)；

⑤ 发包人指定的专人进行费用索赔核对，经造价工程师复核索赔金额后，与承包人协商确定并由发包人批准；

⑥ 发包人指定的专人应在合同约定的时间内签署费用索赔审批表，或发出要求承包人提交有关索赔的进一步详细资料的通知，待收到承包人提交的详细资料后，按照本条 4、5 款的程序进行(即④、⑤款)。

(4) 若承包人的费用索赔与工程延期索赔要求相关联时，发包人在作出费用索赔的批准决定时，应结合工程延期的批准，综合作出费用索赔和工程延期的决定。

(5) 若发包人认为由于承包人的原因造成额外损失，发包人应在确认引起索赔的事件后，按合同约定向承包人发出索赔通知。

承包人在收到发包人索赔通知后并在合同约定时间内，未向发包人做出答复，视为该项索赔已经认可。

(6) 承包人应发包人要求完成合同以外的零星工作或非承包人责任事件发生时，承包人应按合同约定及时向发包人提出现场签证。

(7) 发、承包双方确认的索赔与现场签证费用与工程进度款同期支付。

4.7 索赔报告的内容

一个完整的索赔报告应包括以下四个部分。

4.7.1　总论部分

一般包括序言、索赔事项概述、具体索赔要求、索赔报告编写及审核人员名单。

4.7.2　根据部分

本部分主要是说明自己具有的索赔权利。这是索赔能否成立的关键。根据部分内容主要来自该工程项目的合同文件，并参照有关法律规定。该部分中施工单位应引用合同中的具体条款，说明自己理应获得经济补偿或工期延长。

4.7.3　计算部分

索赔计算的目的，是以具体的计算方法和技术过程，说明自己应得经济补偿的款额或延长时间。如果说根据部分的任务是解决索赔能否成立，则计算部分的任务就是决定应得到多少索赔额和工期。

4.7.4　证据部分

证据部分包括该索赔事件所涉及的一切证据资料，以及对这些证据的说明，证据是索赔报告的重要组成部分，没有翔实可靠的证据，索赔是不能成功的。在引用证据时，要注意该证据的效力或可信程度。为此，对重要的证据资料最好附以文字证明或确认件。

4.8　索赔谈判及其策略技巧

4.8.1　索赔谈判

索赔一般都是通过谈判解决的。索赔谈判通常是发包人和承包人或受发包人委托的监理工程师和承包人的工地代理人(项目经理)之间谈判的主要事项。索赔谈判从发现引起索赔的事件开始到发包人和监理工程师批准索赔为止，在索赔工资的整个过程中是连续不断的，在承包人递交详细索赔报告后，就更为集中，也是索赔谈判的最后冲刺阶段。在此过程中，发包人和监理工程师会不断要求承包人作出解释，提供详情材料或详细报告，以及充分的分析计算，附有有关的证明文件，承包人要耐心答复发包人和监理工程师所提出的问题和要求，通过反复接触和商谈，逐步达成双方可接受的一致意见。索赔谈判是合同双方面对面的较量，也是索赔能否取得成功的关键。一切索赔的计划和策略都要在谈判桌上体现和接受检验，索赔谈判不仅需要具有丰富的法律和合同方面的知识，还需要有公共关系方面的知识和经验。索赔谈判能否取得好的效果完全有赖于政策性、技术性和艺术性的有机结合和统一。因此，在谈判之前双方均应充分准备，分析谈判的可能过程。例如，预先设计怎样保持谈判的友好和谐气氛，估计对方在谈判过程中可能提出的问题与采取的行动和策略，我方应采取的措施，以及如何抓住有利时机和占有主动权。

索赔谈判的类型：

（1）建设型谈判

建设型谈判的主要特征是：

① 基本态度和行为是建设性的，希望通过谈判建立起相互尊重型关系，希望双方为共同利益进行建设性的工作。

② 谈判的气氛是亲切、友好、合作的，谈判者诚心诚意和讲求实效。

③ 在谈判过程中注意运用创造性思维去开发更多的可行设想和选择性方案，创造共同探讨的局面，适当妥协，以达成双方都能接受的协议。

④ 绝不强加于人，谈判中避免相互指责或谩骂攻击，防止冲突和破裂。

当然，采用建设型谈判并不意味着无原则地迁就对方或委曲求全，而是坚持以理服人，通过有理有据的分析，从而使对方改变立场，以达到谈判的目的。

（2）进攻型谈判

进攻型谈判的主要特征是：

① 基本态度和行为都是进攻性的。谈判时持有怀疑和不信任的态度，千方百计压服或说服对方退让或放弃自己利益。

② 谈判的气氛是紧张的。固执、进攻和咄咄逼人是采用这种方式的谈判者的典型特征。

③ 在谈判过程中，谈判者从不开诚布公，而是深藏不露。按照设定的谈判界限不妥协不出界，施加压力，迫使对方让步。

在实际的工程索赔谈判中，通常承包人会采用建设型谈判，并有限度地采取进攻型谈判，以维护本身利益。而发包人和工程师却常常采用进攻型谈判。

4.8.2 索赔的策略

在索赔谈判中，如何增加承包人自身的谈判力量和筹码，是一个很重要的策略问题，关系着谈判的进展和成败。在索赔实践中，对于政府部门的工程，发包人往往采用拖延谈判的方式，阻挠减缓索赔的进行。他们既不拒绝谈判，又不及时解决问题，常常使承包人在索赔谈判中显得缺少力量、无所适从。这种现象的产生，一是由于承包人内部的经营管理体制造成的。另外一个原因是，承包人在进行变更项目索赔时，往往是在该新增项目和变更项目完工后才开始索赔谈判，导致承包人在发包人拖延谈判时欲罢不能，进退两难。因此，树立牢固的索赔意识是至关重要的，并且承包人可采取如下策略：

（1）建立牢固的索赔意识，适时地提出索赔。对新增设项目．应尽量在施工前或施工的前期确定单价和延长的工期。

（2）要加强各工程项目组之间的协作，使企业内部人员能在项目组之间流动，以便在发包人严重违约而又不及时解决索赔问题时，暂停工程施工，迫使发包人尽快解决问题。

（3）在发包人无协商诚意，并且在协商和调解不成的情况下，应尽早通过仲裁或诉讼解决悬而未决的重大索赔问题，或迫使发包人达成和解，避免发生更大的损失。

（4）随时争取监理工程师的帮助

FIDIC 条款第四版"应用指南"中着重强调了监理工程师在索赔工作中的特殊地位、作用和职责。例如：

① 给予工期的延长是以监理工程师对合同的理解，以及对在工程施工中涉及的有关情况的评估和承包人在其通知书中阐明的索赔依据为基础。

② 对承包人的任何费用支付都要有监理工程师审核并签发证书。监理工程师并有权确定新费率。

③ 监理工程师有权在任何临时证书中进行任何修正或更改。

④ 任何争端事项都要向监理工程师提出，要求监理工程师作出公正的决定。

同时，索赔谈判往往是以监理工程师对承包人索赔报告的处理建议作为双方会谈的基础的，因此，在索赔工作和索赔谈判的全过程中，注意做好监理工程师的工作，取得监理工程师的帮助和支持是十分重要的，不要局限在办公室和会议室里，可以巧妙地利用各种场合和机会，进行情况交流和感情交融，并主动向监理工程师提出建设性方案，征求补充和修改意见。

（5）力争友好协商解决

由于索赔工作直接关系到合同双方各自的经济利益，在谈判过程中合同双方为了澄清合同责任，保护自己的利益，难免产生争论和分歧。此时，谈判者要冷静，客观地寻求友好协商解决的途径，切忌伤感情，各执一词，无休止地争论，使谈判陷入僵局。双方都应注意避免既耗时又费力的、昂贵的仲裁诉讼方式。

（6）讲求灵活性

索赔的目的就是能合法地得到自己应该得到的损失补偿，由于引起索赔事件的原因很多，在某些情况下会涉及经理工程师或发包人的声誉或切身利益，如果坚持就事论事，按自己的要求办事，不顾全面子，往往会使对方十分难堪，即使理在手中，对方也可能为了保全面子，不愿轻易让步而采取敷衍拖延的态度，导致问题长期得不到答复或合理解决。此时，讲求灵活性，谋求双方都能接受的妥协方案。

【案例 4-8】 变相索赔

某工程由 A 公司与当地公司 B 公司合作联营，并由 B 公司在当地牵头施工。在实际施工过程中，发包人和监理工程师发现该当地公司在人力、物力上完全不能胜任充当牵头公司，造成了成堆的问题。在不得已的情况下，发包人要求 A 公司独立承担该项工程。为此，A 公司向发包人和监理工程师递交了合作联营期间的费用补偿以及延长工期的索赔报告。由于该当地公司的政治背景以及与发包人的复杂关系，历经多次谈判，索赔未能如愿。在这种情况下，谈判双方不得不谋求其他灵活方式解决承包人的补偿问题。通过反复的接触和商谈，发包人提出在其他后续项目上给 A 公司以照顾的补偿方案。A 公司从长远利益出发，接受了这个方案。随后，A 公司在另一项目上中了标，取得了变相的索赔成果。

（7）高层调停或场外谈判

当谈判出现严重分歧和难题或陷入僵局时，有高层即请领导层（承包人总部和监理方总部领导）出面调停或安排他们进行特殊的场外谈判，创造轻松愉快的氛围，通过相互妥协、谅解和默许，达成双方可以接受的索赔方案。

（8）借用外力

当争议双方直接谈判已无法取得一致意见时，可以邀请第三方或中间人进行调解。第三方或中间人可以是双方都信赖的有威望的个人、专家或权威，也可以是与合同双方都有利害关系的另一方如投资方，或是专门的组织，通过他们的沟通、疏导和调解，取得双方均能接受的解决办法。

4.8.3　索赔技巧

（1）预见索赔问题。有经验的承包人在工程投标阶段，善于发现一些潜在的索赔问题（如设计图纸错误、漏项、地质条件的变化等），而不立即通知发包人，并且降低可能会删除的部分项目的单价，这样，一方面，承包人可降低工程报价；另一方面，承包人中标后，可以在工程施工阶段，有目的地准备详尽的资料，适时地提出索赔，保证工程的利润。

但是，在一些错误非常明显的设计图纸中，若承包人在施工中发现了而不迅速通知发包人或监理工程师，有时，仲裁员或法官会裁定承包人不能获得赔偿，丢失索赔的权利。因此，承包人在"不诚实"时也要注意适可而止，否则，会弄巧成拙。

（2）索赔谈判。索赔谈判既要有严谨的科学态度，又要有灵活的商业头脑，具有很高的技巧性，具体表现在：

① 在新增项目和变更项目的索赔谈判的准备过程中，计算费用时，在工程允许的范围内，尽量取较高的数值，如：在计算材料用量时，取较大的损耗系数；对于某一段时间内的材料单价，尽量出示价格高的发票。这些做法已成为承包人进行该类索赔中的"惯例"，承包人在索赔费用的计算中，也要学会采用，以便将索赔费用金额定得较高，为索赔谈判留下余地。在谈判时，可适当让步，给人以愿意合作的印象。但索赔费用不能高出当地其他承包人的同类项目的价格太多，以免给人以虚假的印象，产生不信任感。

② 在索赔谈判中应注意讨价还价的技巧：在费用索赔谈判中，不要轻易暴露自己所能接受的最后底线。对于有些证据确凿的费用，如：材料费、人工费，一定要坚持，不要轻易让步；对于比较灵活的费用，如：自有机械、小型工具费、其他材料费等，在必要时，要做出小的让步。在索赔谈判时，索赔人员应掌握自己所能退到的底线——最低价格。在谈判过程中做出让步时，可分步让步，而不至一下退到最低价格，这样的效果比一次大的让步要好得多。如果一次让步较多，发包人会认为索赔费用水分太大，不真实，还可能会要求承包人进一步让步，使

索赔人员陷入被动局面。

③ 在新增项目索赔谈判中，发包人往往以其他承包公司同类项目较低的价格来压低承包人的索赔金额。面对这种情况，一方面承包人的索赔人员可以找出索赔计价时间的不同、人工单价、材料单价的不同，来反驳对方；另一方面，承包人与索赔人员也可利用当地承包公司同类项目较高的价格来说服发包人接受承包人的价格。由于当地其他承包公司对自己的报价都是保密的，因此，承包人应聘请咨询顾问尽量获得这些报价单或单价分析资料。

对于政府工程项目，理想的索赔谈判应该是先进行非正式的谈判，初步达成一致，再进行正式谈判，签订正式协议。

在支付咨询费时，一定要注意掌握这一点，即先解决索赔问题，再支付酬金；或者先支付少量酬金，解决问题后，再支付剩余的酬金，以防止有关咨询顾问反悔，拿了钱而不办事。

（3）得道多助

有时，在实际的索赔谈判中，无论索赔的费用计算如何正确，依据如何充分，谈判对方(发包人或监理工程师)都会挑毛病小题大做，或者借故不参加谈判，以拖延谈判。这种现象的产生，关键在于承包人与监理工程师的关系不协调。对于政府工程，特别要重视同各级监理工程师的关系，从现场监理工程师、监理工程师长，到区域总监理工程师、总部的监理工程师、成本估算师和法律顾问，都要保持良好的关系。在有些谈判过程中，总部的监理工程师同意了，而现场的监理工程师却不同意，也会导致谈判的失败。要了解他们的要求，解决他们的实际困难。例如：提供交通方便，邀请参加宴会，或在其上司面前表扬其管理才能和工作成绩等方式，一切当地承包人采用的解决索赔的方式，承包人都要学会灵活应用。一些看似"无理"的现象，却能给承包公司带来很大的经济效益，甚至可以拯救亏损中的企业。

在最终解决索赔问题时，对于工程有关的其他人员(如：财务部门的人员、政府主管官员)，也要建立良好的关系。否则，即使发包人的监理工程师同意了承包人的索赔，而主管官员不签字，不及时审批，也会搁置起来，影响资金的及时回收。

（4）超越合同的索赔。在很多合同中，有经验的发包人都规定了很多对承包人可能提出索赔加以限制的条款即限制索赔条款，如：发包人对其所提供的地质勘探资料不负任何责任或规定合同总价不随材料价格的上涨而调整，或者合同没有明确的规定(当法律发生变化引起成本增加时，是否调整合同总价；以及合同中模糊的合同条款等)，由此而引起的索赔，都可以根据民法、逻辑推理和当地的建筑承包惯例，置之不理合同中对承包人极为不利的限制索赔条款，超越合同的范围，对合同总价进行公平合理的调整或明确解释合同条款。对于政府部门的工程项目，应尽量鼓励咨询顾问帮忙出主意，想办法，甚至超越合同条文的规定，进行索赔。在合同条款规定不明确时，作出有利于承包人的解释，或者在合同无明确规定(如：税费涨或材料价格上涨)时，调整合同总价。

既要鼓励承包人的索赔人员进行索赔，又要聘请咨询顾问帮助进行索赔，内外配合，使工程索赔从以变更项目定价为主的初级索赔发展到超越合同条件的高级索赔，以扩大索赔的范围，丰富索赔的解决方式。例如：某工程由国际机构在其境外支付的机械设备款的印花税应该免税，就是由承包人雇佣的当地财务顾问替承包人提出来的，使承包人追回了错扣的这一部分印花税款近8万美元。

【案例4-9】 某大学科技大厦项目，采用我国《建设工程施工合同（示范文本)》签订施工合同。合同内项目单价均按当地预算定额计算。承包人在项目实施过程中与项目的发包人和监理工程师关系融洽，合作得很愉快。在项目施工中，发包人要求设计变更，在1层IT市场内增设墙体隔断。由项目监理工程师于2002年12月20日发布了书面的工程变更指令，并向承包人提供设计单位出的施工图纸，承包人按照变更指令实施了工程，并经监理工程师检查质量完成符合要求。承包人很快完成了这些工作，并且在接到变更的指令后的第10天，向工程师提交了索赔通知，分别填报了现场签证报审表，见表4-3；并又附上了详细的计算书。

现场签证报审表 表4-3

工程名称：　　　　　　　　承包单位：

签证项目	所在图号或部位
签证的原因或性质	根据2002年12月20日监理工程师的变更指令，在1层IT市场增设一道隔墙，属于设计变更
签证内容或简图	隔断墙体的直接费1924.491元 依据的设计图编号为×× 承包单位＿＿××＿＿项目负责人＿＿××＿＿日期2002.12.30
监理审查意见	监理工程师＿＿＿日期＿＿＿总监理工程师＿＿＿日期

由于承包人严格按照程序进行，计算准确，很快得到监理工程师和建设单位对比费用补偿后认可。

这是实际工程中承包人要求费用补偿的一个例子。签证确认是索赔的一种简单程序。从这个索赔例子中我们看到，承包人与建设单位和监理工程师的关系相处很好，并且承包人的施工质量满足要求，这就为施工索赔打下了很好的基础。而且承包人在合同规定的索赔时限内提出了经济补偿要求，并按照合同中规定的方法详细列出索赔款额计算，计算方法正确，而又明确变更的依据是监理工程师的书面指示。索赔要求有理有据，索赔计算恰当，因此索赔事项很快得到批准。可见承包人很好地运用了索赔的技巧。因此，如何利用索赔来维护自己的权益，提高索赔的技巧是每个承包人都要面临的重要问题。

复 习 思 考 题

一、计算题

1. 某建设项目发包人与甲承包人签订了施工总包合同，合同中保函手续费为

30 万元，合同工期为 220 天。合同履行过程中，因不可抗力事件发生致使开工日期推迟 30 天，因异常恶劣气候停工 10 天，因季节性大雨停工 5 天，因设计分包单位延期交图停工 7 天，上述事件均未发生在同一时间，则甲施工总包单位可索赔的保函手续费为多少？

2. 某建设项目发包人与承包人签订了可调价格合同。合同中约定：主要施工机械一台为承包人自有设备，台班单价 800 元/台班，折旧费为 100 元/台班，人工日工资单价为 40 元/工日，窝工工费 10 元/工日。合同履行中，因场外停电全场停工 2 天，造成人员窝工 20 个工日；因发包人指令增加一项新工作，完成该工作需要 5 天时间，机械 5 台班，人工 20 个工日，材料费 5000 元，则承包人可向发包人提出直接费补偿额为多少？

3. 某工程项目总价值 1000 万元，合同工期为 18 个月，现承包人因建设条件发生变化需增加额外工程费用 50 万元，则承包方提出工期索赔为多少？

4. 某土方工程发包人与承包人签订了土方施工合同，合同约定的土方工程量为 8000m³，合同期为 16 天，合同约定：工程量增加 20% 以内为承包人应承担的工期风险。施工过程中，因出现了较深的软弱下卧层，致使土方量增加了 10200m³，则承包人可提出的工期索赔为多少？

二、多项选择题

1. 下列事项中，承包方要求的费用索赔不成立的是(　　)。

A. 建设单位未及时供应施工图纸

B. 承包人施工机械损坏

C. 发包人原因要求暂停全部项目施工

D. 因设计变更而导致工程内容增加

2. 索赔事件持续进行时，承包方应(　　)。

A. 视影响程度，不定期的提出中间索赔报告

B. 在事件终了后，一次性提出索赔报告

C. 阶段性发出索赔意向通知，索赔事件终止后 28 天内，向工程师提供索赔的有关资料和最终索赔报告

D. 阶段性提出索赔报告，索赔事件终止后 14 天内，向工程师提供索赔的有关资料

3. 下列原因中，不能索赔窝工费用的是(　　)。

A. 异常恶劣的气候造成的停工　　　B. 施工图纸未及时供应

C. 工程变更　　　　　　　　　　　D. 发包人方原因要求暂停施工

4. 按索赔的合同依据可以将工程索赔分为(　　)。

A. 工期索赔和费用索赔

B. 合同中明示的索赔和合同中默示的索赔

C. 工程加速索赔和工程变更索赔

D. 工程延误索赔和合同被终止的索赔

5. 对于工期延误而引起的索赔，在计算索赔费用时，一般不应包括(　　)。

A. 人工费   B. 工地管理费

C. 总部管理费   D. 利润

6. 在 FIDIC 合同条件中，关于承包人提出的索赔，正确的说法是(　　)。

A. 由于延误移交施工现场，只能延长工期，但不能给予费用补偿

B. 属于工程师的原因，只能给予费用补偿，但不能延长工期

C. 由于异常不利的气候条件，只能延长工期，但不能给予费用补偿

D. 由于发包人提前占用工程，既可给予费用补偿，也可以给予工期补偿

7. 在索赔报告的内容中，索赔能够成立的关键是(　　)。

A. 总论部分   B. 根据部分

C. 计算部分   D. 证据部分

8. 索赔费用的构成可以包括(　　)。

A. 人工费   B. 设备费

C. 利息和保险费   D. 利润

E. 材料费(通货膨胀给承包人造成的损失不计入索赔内容)

9. 合同收入的组成包括(　　)。

A. 合同中规定的初始收入   B. 合同变更构成的收入

C. 合同索赔构成的收入   D. 合同奖励构成的收入

E. 材料涨价费

10. 在 FIDIC 合同条件中，可索赔工期和费用，但不可以索赔利润的索赔事件包括(　　)。

A. 发包人延误移交施工现场   B. 发包人提前占用工程

C. 工程师延误发放图纸   D. 不可预见的外界条件

E. 施工中遇到文物

11. 下列属于竣工结算的审核内容有(　　)。

A. 核对合同条款   B. 落实设计变更签证

C. 核定单价   D. 各项费用计取

E. 进度审查

12. 在 FIDIC 合同条件中，由于不可抗力而造成损害，则可补偿的内容有(　　)。

A. 工期   B. 利润   C. 利息   D. 人工费

E. 材料费

13. 下列关于索赔处理原则说法正确的是(　　)。

A. 合同条件是处理纠纷的直接依据

B. 要建立严密的工程日志和业务记录

C. 中期付款期间发生索赔，最好留到最后综合处理

D. 对于索赔的控制通常只能在索赔事件发生后进行

E. 及时处理单项工程索赔对发包人和承包人都有益

14. 工程索赔依据不同的标准可以进行不同的分类，依据索赔事件的性质分为(　　)。

A. 工期延误索赔　　　　　　　B. 工程变更索赔

C. 合同中默示的索赔　　　　　D. 工程加速索赔

E. 合同被迫中止的索赔

三、案例分析

1. 在一次操场施工工程中，本来要有一层冷底子油，但是在设计图纸上没有标志出来，结果承包人就以报价时没有考虑这个为由提出要业主支付这部分成本。但是在一般的设计规范中都规定了进行沥青铺设时必须要涂这层冷底子油，属于专业施工人员可以判别出的设计失误，所以业主以此为由拒绝承包人的索赔。请问业主拒绝承包人的索赔要求是否合理？为什么？

2. 某工程是路基、桥涵、路面的综合标，原合同工期到 2007 年 8 月，因拆迁问题，目前部分路基和小桥涵还未开工，现在业主提出要求 2006 年底交工。这种建设单位单方面随意提前（或压缩）工期的现象较为普遍，作为施工单位可否进行索赔？可以索赔哪些费用？

3. 某工程工期拖延 5 个月，按合同约定工期每拖延一天，扣罚 3 万元，拖延的原因有业主因拆迁问题不能提供现场的因素，但承包人在整个施工期没有提出过任何工期顺延的请求，没有及时提出索赔，结算时，发包人以工期落后 5 个月扣罚承包人 450 万元，请问这种做法是否合理？为什么？承包人应该怎样做？

4. 根据案例 3-1，结合下面给出的条件，分析回答后面的问题：

在开挖土方过程中，有两项重大事件使工期发生较大的拖延：一是土方开挖时遇到了一些工程地质勘探没有探明的孤石，排除孤石拖延了一定的时间；二是施工过程中遇到数天季节性大雨后又转为特大暴雨引起山洪暴发，造成现场临时道路、管网和施工用房等设施以及已施工的部分基础被冲坏，施工设备损坏，运进现场的部分材料被冲走，乙方数名施工人员受伤，雨后乙方用了很多工时清理现场和恢复施工条件。为此乙方按照索赔程序提出了延长工期和费用补偿要求。试问造价工程师应如何审理？

5. 某汽车制造厂土方工程中，承包人在合同标明有松软石的地方没有遇到松软石，因此工期提前 1 个月。但在合同中又另标明有坚硬岩石的地方遇到更多的坚硬岩石，开挖工作变得更加困难，由此造成了实际生产率比原计划低得多，经测算影响工期 3 个月。由于施工速度减慢，使得部分施工任务拖到雨季进行，按一般公认标准推算，又影响工期 2 个月。为此承包人准备提出索赔。

问：（1）该项施工索赔能否成立？为什么？

（2）在该索赔事件中，应提出的索赔内容包括哪两方面？

（3）在工程施工中，通常可以提供的索赔证据有哪些？

（4）承包人应提供的索赔文件有哪些？请协助承包人拟订一份索赔通知。

6. 某工程项目施工采用了包工包全部材料的固定价格合同。工程招标文件参考资料中提供的用砂地点距工地 4km。但是开工后，检查该砂质量不符合要求，承包人只得从另一距工地 20km 的供砂地点采购。而在一个关键工作面上又发生了几种原因造成的临时停工：5 月 20 日~5 月 26 日承包人的施工设备出现了从来未出现过的故障；应于 5 月 24 日交给承包人的后续图纸直到 6 月 10 日才交给承包人；6 月 7 日～6 月 12 日施工现场下了罕见的特大暴雨，造成了 6 月 11 日～6 月 14 日的该地区的供电全面中断。

问：（1）承包人的索赔要求成立的条件是什么？

（2）由于供砂距离的增大，必然引起费用的增加，承包人经过仔细认真计算后，在发包人指令下达的第 3 天，向发包人的造价工程师提交了将原用砂单价每吨提高 5 元人民币的索赔要求。作为一名造价工程师你批准该索赔要求吗？为什么？

（3）若承包人对因发包人原因造成窝工损失进行索赔时，要求设备窝工损失按台班计算，人工的窝工损失按日工资标准计算是否合理？如不合理应怎样计算？

（4）由于几种情况的暂时停工，承包人在 6 月 25 日向发包人的造价工程师提出延长工期 26 天，成本损失费人民币 2 万元/天（此费率已经造价工程师核准）和利润损失费人民币 2000 元/天的索赔要求，共计索赔款 57.2 万元。作为一名造价工程师你批准延长工期多少天？索赔款额多少万元？

（5）你认为应该在发包人支付给承包人的工程进度款中扣除因设备故障引起的竣工拖期违约损失赔偿金吗？为什么？

5

工程竣工阶段的结算谈判

关键知识点：工程竣工结算的含义以及有关规定；引起争端的原因；如何解决争端；明确竣工阶段的谈判事项并进行有效谈判。

主要技能：能够正确分析在工程竣工阶段引起竣工结算争端的事项和原因；能够运用专业知识和谈判技巧，找到合理解决问题的办法。

教学建议：竣工阶段的结算谈判涵盖了前面几章较多的知识点，本章的教学要将前面所学知识与本章知识有机结合起来，主要通过综合案例的讨论和分析来复习提高前面所学知识点并融入新的知识。

5.1 工程竣工结算的含义及有关规定

工程竣工结算是指施工企业按照合同规定的内容全部完成所承包的工程，经验收质量合格，并符合合同要求之后，向发包单位进行的最终工程价款结算。工程竣工结算价是发、承包双方确定的最终工程造价。

5.1.1 《工程量清单计价规范》(08 版)中对工程竣工结算的规定

（1）工程完工后，发、承包双方应在合同约定时间内办理工程竣工结算。

（2）工程竣工结算由承包人或受其委托具有相应资质的工程造价咨询人编制，由发包人或受其委托具有相应资质的工程造价咨询人核对。

（3）工程竣工结算应依据本规范；施工合同；工程竣工图纸及资料；双方确认的工程量；双方确认追加（减）的工程价款；双方确认的索赔、现场签证事项及价款；投标文件；招标文件；其他依据。

（4）分部分项工程费应依据双方确认的工程量、合同约定的综合单价计算；

如发生调整的，以发、承包双方确认调整的综合单价计算。

（5）措施项目费应依据合同约定的项目和金额计算。如发生调整的，以发、承包双方确认调整的金额计算，其中安全文明施工费应按本规范第4.1.5条的规定计算（4.1.5措施项目清单中的安全文明施工费应按照国家或省级、行业建设主管部门的规定计价，不得作为竞争性费用）。

（6）其他项目费用应按照下列规定计算：

计日工应按发包人实际签证确认的事项计算；

暂估价中的材料单价应按发、承包双方最终确认价在综合单价中调整；专业工程暂估价应按中标价或发包人、承包人与分包人最终确认价计算；

总承包服务费应依据合同约定金额计算，如发生调整的，以发、承包双方确认调整的金额计算；

索赔费用应依据发、承包双方确认的索赔事项和金额计算；

现场签证费用应依据发、承包双方签证资料确认的金额计算；

暂列金额应减去工程价款调整与索赔、现场签证金额计算，如有余额归发包人。

（7）规费和税金应按本规范第4.1.8的规定计算（第4.1.8规定是规费和税金应按国家或省级、行业建设主管部门的规定计算，不得作为竞争性费用）。

（8）承包人应在合同约定时间内编制完成竣工结算书，并在提交竣工验收报告的同时递交给发包人。

（9）发包人在收到承包人递交的竣工结算书后，应按合同约定时间核对。

同一工程竣工结算核对完成，发、承包双方签字确认后，禁止发包人又要求承包人与另一个或多个工程造价咨询人重复核对竣工结算。

（10）发包人或受其委托的工程造价咨询人收到承包人递交的竣工结算书后，在合同约定时间内，不核对竣工结算或未提出核对意见的，视为承包人递交的竣工结算书已经认可，发包人应向承包人支付工程结算价款。

（11）发包人应对承包人递交的竣工结算书签收，拒不签收的，承包人可以不交付竣工工程。

承包人未在合同约定时间内递交竣工结算书的，发包人要求交付竣工工程，承包人应当交付。

（12）竣工结算办理完毕，发包人应将竣工结算书报送工程所在地工程造价管理机构备案。竣工结算书作为工程竣工验收备案、交付使用的必备文件。

（13）竣工结算办理完毕，发包人应根据确认的竣工结算书在合同约定时间内向承包人支付工程竣工结算价款。

（14）发包人未在合同约定时间内向承包人支付工程结算价款的，承包人可催告发包人支付结算价款。如达成延期支付协议的，发包人应按同期银行同类贷款利率支付拖欠工程价款的利息。如未达成延期支付协议，承包人可以与发包人协商将该工程折价，或申请人民法院将该工程依法拍卖，承包人就该工程折价或者拍卖的价款优先受偿。

5.1.2　工程竣工结算的要求

对于竣工结算方面的规定，国家的许多文件对此都有涉及，如《建设工程施工合同(示范文本)》、《标准施工招标文件》、《工程量清单计价规范》、还有各地政府或部门出台的一系列文件等。现介绍《建设工程施工合同(示范文本)》中对竣工结算的规定：

(1) 工程竣工验收报告经发包方认可后 28 天内，承包方向发包方递交竣工结算报告及完整的结算资料，双方按照协议书约定的合同价款及专用条款约定的合同价款调整内容，进行工程竣工结算。

(2) 发包方受到承包方递交的竣工结算报告及结算资料后 28 天内进行核定，给予确认或者提出修改意见。发包方确认竣工结算报告后通知经办银行向承包方支付工程竣工结算价款，承包方收到竣工结算价款后 14 天将竣工工程交付发包方。

(3) 发包方收到竣工结算报告及结算资料后 28 天内无正当理由不支付工程竣工结算价款，从第 29 天起按承包方同期向银行贷款利率支付拖欠工程价款利息，并承担违约责任。

(4) 发包方收到竣工结算报告及结算资料后 28 天内不支付工程竣工结算价款，承包方可以催告发包方支付工程结算款。发包方在收到竣工结算报告及结算资料后 56 天内仍不支付的，承包方可以与发包方协议将该工程折价，也可以由承包方申请人们法院将该工程依法拍卖，承包方就该工程折价或者拍卖的价款优先受偿。

(5) 工程竣工验收报告经发包方认可后 28 天内，承包方未能向发包方递交竣工结算报告及完整的结算资料，造成工程竣工结算不能正常进行或工程 竣工结算价款不能及时支付，发包方要求交付工程的，承包方应当交付；发包方不要求支付工程的，承包方承担保管责任。

(6) 发包方和承包方对工程竣工结算价款发生争议时，按争议的约定处理。

在实际工作中，当年开工、当年竣工的工程，只需办理一次性结算。跨年的工程，在年终办理一次年终结算，将未完工程结转到下一年度，此时竣工结算等于各年度结算的总和。

办理工程价款竣工结算的一般公式为：

竣工结算工程价款＝合同价款＋施工过程合同价款调整数额－预付或已结算工程价款－保修金

5.1.3　竣工结算管理程序

(1) 接到承包人提交的竣工结算书后，发包人应以单位工程为基础，对承包合同内规定的施工内容进行检查与校对，包括工程项目、工程量、单价取费和计算结果等。

(2) 核查合同工程的执行情况，包括以下几方面：

① 开工前准备工作的费用是否准确；

② 土石方工程与基础处理有无漏算或多算；

③ 钢筋混凝土工程中的含钢量是否按规定进行了调整；

④ 加工订货的项目、规格、数量、单价等与实际安装的规格、数量、单价是否相符；

⑤ 特殊工程中使用的特殊材料的单价有无变化；

⑥ 工程施工变更记录与合同价格的调整是否相符；

⑦ 实际施工中有无与施工图要求不符的项目；

⑧ 单项工程综合结算书与单位工程结算书是否相符。

（3）对核查过程中发现的不符合合同规定情况，如多算、漏算或计算错误等，均应予以调整。

（4）将批准的工程竣工结算书送交有关部门审查。

（5）工程竣工结算书经过确认后，办理工程价款的最终结算拨款手续。

5.1.4　工程竣工结算的审查

工程竣工结算审查是竣工结算阶段的一项重要工作。经审查核定的工程竣工结算是核定建设工程造价的依据，是办理工程价款的最终结算拨款依据，也是建设项目验收后编制竣工决算和核定新增固定资产价值的依据。因此，建设单位、监理公司以及审计部门等，都十分关注竣工结算的审核把关。一般从以下几方面入手：

（1）核对合同条款。首先，应该对竣工工程内容是否符合合同条件要求，工程是否竣工验收合格，只有按合同要求完成全部工程并验收合格才能列入竣工结算。其次，应按合同约定的结算方法、计价定额、取费标准、主材价格和优惠条款等，对工程竣工结算进行审核，若发现合同开口或有漏洞，应经建设单位与承包人认真研究，明确结算要求。

（2）检查隐蔽验收记录。所有隐蔽工程均需进行验收，两人以上签证；实行工程监理的项目应经工程师签证确认。审核竣工结算时应挨个核对隐蔽工程竣工记录和验收签证，手续完整，工程量与竣工图一致方可列入结算。

（3）落实设计变更签证。设计修改变更应由原设计单位出具设计变更通知单和修改图纸，设计、校审人员签字并加盖公章，经建设单位和监理工程师审查同意、签证；重大设计变更应经原审批部门审批，否则不应列入结算。

（4）按图核实工程数量。竣工结算的工程量应依据竣工图、设计变更单和现场签证等进行核算，并按国家统一规定的计算规则计算工程量。

（5）认真核实单价。结算单价应按现行的计价原则和计价方法确定，不得违背。

（6）注意各项费用计取。建安工程的取费标准应按合同要求或项目建设期间与计价定额配套使用的建筑安装工程费用定额及有关规定执行，先审核各项费率、价格指数或换算系数是否正确，价差调整计算是否符合要求，再核实特殊费用和计算程序。要注意各项费用的记取基数，如安装工程的取费基数往往是人工费，这个人工费是定额人工费与人工费调整部分之和。

（7）防止各种计算误差。工程竣工结算子目篇幅大，往往有计算误差，应认真核算，防止因计算误差多计或少算。

5.1.5　竣工结算审核期限

根据《建设工程价款结算暂行办法》：

竣工结算审核期限为：

500万以下：20天；

500万～2000万：30天；

2000万～5000万：45天；

5000万以上：60天。

发包人收到竣工结算报告及完整的结算资料后，在本办法规定或合同约定期限内，对结算报告及资料没有提出意见，则视同认可。

5.2　竣工结算中引起争端的原因分析

无论是在项目实施过程中或在项目竣工后的后期收尾工作过程中，承发包双方经常会发生这样或那样的分歧或争论。很多分歧当时通过谈判已获得解决，有些分歧虽然经过几轮谈判，但是仍然未能取得一致意见，特别是遇到特殊情况或费用大量超支时，双方为了澄清和解脱合同责任，维护自己的利益，难以一时协商一致，形成了难以解决的争端，这些争端在项目后期都会集中地反映出来。诸如对施工过程中风险的解释和理解；对工期延误和支付延误的原因和责任看法不一；对索赔要求的合理性和具体费用计算有争议；对缺陷责任期及使用期内出现的损坏的责任和修补费用有不同的看法等。因此，争端在竣工结算中时集中显现便成了工程竣工阶段一个突出的现象，分析引起争端的原因，主要有以下的几种。

5.2.1　计价依据分歧导致的争端

工程在竣工结算时会暴露出很多的问题，而这些问题的出现往往是在工程招投标阶段或合同签订阶段就已经埋下了隐患。在招投标阶段，投标人为了拿到工程，会有意无意去迎合发包人的要求，其主导思想是先拿到工程做了再说，在签订合同时，同样是基于这样的思想，承包人会疏忽合同中的不明事项或霸王条款。竣工结算阶段，是承发包双方实质性利益的最终体现，各种矛盾势必会集中爆发，形成对抗激烈的争端。双方都会寻找自认为合理合法的计价依据，参阅有关文件和合同，提出自己的观点，但是往往不能说服对方。

【案例5-1】　背靠背合同导致的结算争端

2002年8月，某警察学院(甲方)与某建筑公司(乙方)签订施工承包合同，由乙方承包甲方的大礼堂、演练场、田径场、游泳馆等工程。2002年10月11日，甲方向承担屋面钢结构分包工程的深圳某公司（系甲方指定分包商）预定了材料，签署了确认书。2002年11月22日，乙方与分包商签订大礼堂屋面供应安装合同，其中约定：甲方按分包合同结算价款计取总包管理费。乙方按甲方支付给乙方价款的同比例支付给分包商。2003年12月，该工程竣工，但是，甲方仅向乙方支付总承包合同工程价款的75％，而乙方支付给分包商的工程款已占分包合同工程价款的80％。分包商提出要求，要求乙方付清剩余款项。乙方称己方已按合同的约定支付了工程款，剩余工程款要甲方支付后再按比例支付。该结算纠纷持续了三年多的时间，分包商派出公司预算人员不断进行协商未果。

2006年11月，分包商组织了由工程人员、造价工程师、律师等人员组成的谈判班子，找到依据如下：

（1）《建设工程施工专业分包合同（示范文本）》第19.5款：分包合同价款与总包合同相应部分价款无任何连带关系（即我国不支持背靠背合同）。

（2）我国《合同法》第45条：当事人对合同的效力可以约定附条件。附条件的合同，自条件成就时生效，附解除条件的合同，自条件成就时失效。当事人为自己的利益不正当的阻止条件成就的，视为条件已成就；不正当的促成条件成就的，视为条件不成就。

（3）通过到甲方查阅工程款支付凭证，证实甲方已支付乙方工程总价款的75％。但是在甲方的支付发票上并没有表明是哪一个单项工程的，那么可以理解为大礼堂的工程款甲方已经全额支付给了乙方，乙方也没有每个单项工程的收款明细，拿不出相关的证据材料证明大礼堂的款项没有结清。

分包商通过以上依据，与乙方进行了再次的谈判，提出了要求结清分包工程结算款的要求。并正告乙方，若诉诸法律，乙方势必败诉，经济上会遭受不应有的损失。乙方经过讨论和多方咨询，最后同意了分包商的要求，支付了工程尾款及相应的利息。

【案例5-2】 霸工条款导致的争端

某工程在竣工办理结算时，承包人提出了两个要求：

（1）工程实施阶段，人工价格和材料价格上涨幅度较大，请求发包人酌情考虑对人工费和材料费进行调增；

（2）在施工中发现一些子项工程在招投标阶段和合同中没有考虑到，所以要求增加这部分工程的工程款。

这两个问题承包方在施工过程中不止一次提出过，但是工程师总是答复说这个合同是包死了的，你们先施工吧，待竣工结算时再会同发包人一起处理解决。然而，在竣工结算时，针对承包方提出的要求，发包人拿着合同振振有词地称，该工程承包合同明确约定：工程价款的价格包死，并不许索赔。承包人派出谈判班子，进行了很多次谈判，说明己方在此工程上已造成200多万元的亏损，请甲方给予合情合理的补偿。甲方均以包死为由不予理会。

乙方在多次谈判失败后，重新组成了由律师参与的新的谈判班子，对该谈判事件进行了重新的思考和定位，既然发包人总是以合同为依据作为不追加工程款的理由，而如此苛刻的合同条件承包人是没有办法达成目的的。要使这个不合理的霸王条款失效，就要使其失去存在的基础。那么能不能找到办法来推翻这个合同呢？如果合同无效了，这个条款自然也就失去了它存在的基础。

乙方从招投标阶段开始寻找依据：

(1) 2001 年 5 月 5 日开始出售招标文件；

(2) 2001 年 5 月 31 日投标截止；

(3) 2003 年 3 月发生结算争议；

(4) 2001 年 4 月 30 日承包人向业主出具了承包该工程的承诺函。

乙方从承诺函事件找到了突破口。

根据《招标投标法》第 43 条：在确定中标人前，招标人不得与投标人就投标价格、投标方案等实质性内容进行谈判。根据该法律条文，承包人在招标开始前向业主出具承诺函的行为可能会使合同无效。

据此，乙方再次与甲方进行了谈判，甲方权衡利弊后同意给予乙方一定的补偿，增加工程款。

【案例 5-3】 黑白合同导致的争端

2000 年初，甲方进行某工程的招标，乙方受到邀请。在招标前乙方承诺：垫支地上 8 层，让利 7.2%，对指定分包不收费。围标前，双方协议：招投标结果是为办理开工证，中标价和合同价对双方没有约束力，施工图纸定出后一个月再约定合同价。2006 年 6 月乙方中标后与甲方签订了施工合同，并进行了合同备案，合同金额 1.3 亿，8 月根据新出的施工图重新计算和约定了工程价款，签订了第二份合同，合同金额 1.04 亿元。在签订两份合同后不久，又签订了相应补充协议，补充协议的合同金额分别为 0.99 亿、0.89 亿。在补充协议中，明确了双方的合同金额以补充协议为准。承发包双方在工程竣工结算时，对结算依据产生了争议。乙方提出应依据备案合同作为结算的依据，要求追讨工程欠款 7000 万，而发包人则根据补充协议只承认 2000 万。

5.2.2 发包人拖延结算导致的争端

有的发包人为了拖延工程款的支付，想方设法拖延竣工结算。有的工程甚至已经投入使用了，发包人仍以各种借口不办理竣工结算，那么承包人也就拿不到最后的工程尾款，由此导致争端。

5.2.3 索赔未能按时确认导致的争端

索赔从发现引起的索赔事件开始到发包人和监理工程师批准索赔为止，贯穿于项目合同履行的全过程，持续的时间往往较长，有的会延续到项目的竣工结算阶段。在这个阶段的索赔往往都不会是一个单项的索赔了，而是一揽子索赔，情况复杂，解决起来也很棘手。

【案例 5-4】 2005 年 2 月 1 日,承发包双方签订了甲工程的固定总价合同后,因发包人原因延误开工六个月,开工日期从合同确定的日期 2005 年 3 月 15 日延误到 2005 年 9 月 15 日。在施工期间,因政府迎接卫生城市的检查的需要,要求此工程停工半个月,在以后的施工过程中,因承包人自身原因又停工了一个月。工程于 2006 年 12 月 30 日竣工。从 2005 年 3 月以来,各月的钢材、水泥价格有较大幅度的涨价。承包人在施工过程中及时提出了费用索赔和工期索赔,但是双方在材料的数量和价差确定方法上、在工期的索赔上一直未能达成共识,造成在工程竣工结算时的争端。

5.2.4 工程质量问题导致的争端

在工程竣工阶段,若发包人对工程质量有异议,会拒绝办理工程竣工结算。

5.2.5 工程进度问题导致的争端

工程未按合同约定工期按时完工,在竣工阶段,发包人会根据合同约定对承包人进行处罚,而承包人则会找出各种理由和依据,说明工期的延误是非己方责任造成的,不接受处罚或只愿意接受少量的处罚。由此引起争端。

5.2.6 其他原因导致的争端

如总包商与分包商的结算纠纷、承包商与供货商的结算纠纷、发包人不支付工程结算款而导致的纠纷、不可抗力导致的争端以及其他原因导致的争端等。

5.3 竣工结算争端的解决方式

不管是什么原因导致的竣工结算争端,首先都需要依靠谈判来进行解决。合同双方之间解决争端的方式,通常有以下几种:

5.3.1 友好解决

友好解决各种争端是合同双方的共同利益所在,即由合同双方根据合同文件的规定和有关法律依据,通过谈判进行友好协商并达成一致意见解决有关争端。这在项目任何阶段、任何时刻都是最基本的、行之有效的解决争端的方法,这比提交仲裁要好得多。为了使合同双方吸取以往工程实践的经验教训,都能注意到避免既耗时又费力的、昂贵的仲裁诉讼方法,绝大多数的争端是可以通过谈判自行友好协商解决的。如果发包人、监理工程师、承包人之间在项目实施的初期就十分重视建立协作配合的关系,努力创造友好交流和相互理解的气氛,有意识地注意防微杜渐,则往往能有效地防止争端的扩大和激化。另外,合同双方还可以在早期合同商谈阶段,都致力于签订严谨完善、互利互惠的工程合同,那么有许多的争端都是能够得到妥善解决。例如在合同签订阶段,双方都本着实事求是、利益共享、风险共担的原则，充分认识到合同对于工程实施和价款结算的重要性，组织专业的工程技术人员、工程造价人员、公司财务人员、法律工作者等组成的团队共同商议和审核各项合同条款，力争合同的完善和规范。在合同中的未尽事宜，要明确指定参照和依据的具体的法律法规或规范性文件是哪一个，因为这些文件的解释和说法并不完全一致，所以要事先进行明确，避免因合同的先天性缺陷而带来的不必要的纠纷和损失。还可以提出友好解决争端的程序，列入合同文件的专用条件中，例如邀请第三者进行调解的方式等，尽量避免步入法庭或仲裁机关。

5.3.2　获得监理工程师的认同

不论在工程施工中还是竣工后，也不论在合同有效期内或终止前后，发包人和承包人之间产生的任何争端，包括对监理工程师的任何意见、指示、决定、证书或估价方面的任何争端，合同一方可以以书面形式提交监理工程师，并将一份副本送交另一方。监理工程师虽然受雇于发包人，但是他的行为和职业道德受到行业的规范和监督。因此，承包人千万不能片面地、错误地认为监理工程师受雇于发包人，必然听命于发包人，偏于发包人一方，从而对他不信任，处处小心提防，或敬而远之，把自己孤立起来。与此相反，在项目实施的全过程中，承包人要时刻注意和监理工程师增进友谊，加深理解。尤其是在对合同条款的规定有不同的解释或分歧意见时，要抱着虚心学习或相互学习、共同提高的态度，和监理工程师心平气和地进行探讨和协商，把会谈纳入建设型谈判的轨道，消除可能产生的偏见和人为障碍，促使监理工程师在友好的气氛中对争端作出合理的决定。

5.3.3　调解解决

当争端难以通过合同双方友好协商解决时，往往可以由争议双方邀请或选定一位调解人作为第三方或中间方进行调解，在争议双方阐明各自观点的基础上，反复调解达成双方都能接受的合理解决方案，如果调解失败，即提交仲裁机关或法院判决。在谈判活动中，当谈判出现对峙或陷入僵局时，也经常采用借用外力的策略，实际上也是由第三方出面斡旋和调解的做法。一般的做法是：当合同金额超过某一较大额度时，可组成一争端评审委员，其由 3 名熟悉本项目工程业务的专家组成。其中 1 名由发包人推荐，经承包人同意；另 1 名由承包人推荐，经发包人同意；第 3 名由已选定的两名专家提名推荐，经发包人和承包人双方同意，并担任争议评审委员会的主席。一般的超额，评审委员会委员的条件可适当放宽，即为不与合同双方有从属关系，不曾受雇于合同的任一方，没有和任何一方发生过经济关系，在担任评审工作以前，不曾介入过此工程项目的人员组成。争端评审委员会并不取代合同双方原有的争端解决方法。通常的程序是当产生争端时，首先由合同双方自行协商解决或提交监理工程师决定，解决不了时，才提交争端评审委员会进行调解。评审委员会调解无效，再步入仲裁机关或法院。调解解决的优点就是避免争端的进一步激化，使争端较快地得到解决，不再诉诸法律或仲裁，可节约费用。一般情况下，争端评审委员会的专家不长住在现场，但要定期对现场进行访问，从项目一开始就了解项目的情况和存在的问题。合同的任一方将争端提交争端评审委员会后，争端评审委员会就召开听证会或采取个别调查方式听取双方的意见或对话，然后由争端评审委员会站在公正立场，不偏袒任何一方，提出调解建议。在调解建议递交争议双方后的 14 天内，发包人和承包人应做出书面答复。如果在 14 天内未正式答复，即认为已接受了争端评审委员会的建议。如果一次调解不成，可要求争端评审委员会重新评审，再次提出调解建议，或由争议双方诉诸法律或仲裁。

因此，在合同双方已商定采用争端评审委员会方式解决争端后，就要重视和争端评审委员会成员的联系和商谈，反映情况，提出建议，以便争端评审委员会成员能够对争端产生的原因和历史背景有客观的了解，提出较公正的调解建议。

5.3.4 仲裁或向人民法院起诉

当监理工程师的决定未能被接受，而又未能通过友好协商或调解解决争端时，最后一个途径便是诉诸法律或仲裁。

根据《中华人民共和国合同法》第128条规定："当事人可以通过和解或者调解解决合同争议。当事人不愿和解、调解或者和解、调解不成的，可以根据仲裁协议向仲裁机构申请仲裁。……当事人没有订立仲裁协议或者仲裁协议无效的，可以向人们法院起诉。"

需要注意的是，根据《中华人民共和国仲裁法》第4条："当事人采用仲裁方式解决纠纷，应当双方自愿，达成仲裁协议。没有仲裁协议，乙方申请仲裁的，仲裁委员会不予受理。"第5条："当事人达成仲裁协议，乙方向人民法院起诉的，人民法院不予受理，但仲裁协议无效的除外。"第6条："仲裁委员会应当由当事人协议选定。仲裁不实行级别管辖和地域管辖。"

在仲裁时，仲裁人有权解释、复查和修改监理工程师对争端所作的任何决定。双方的任一方可提交不限于以前已提交给监理工程师的证据或论证。监理工程师可作为证人被传讯，并向仲裁人提供任何与争端有关的证据。每一个工程项目的招标文件通常都要对仲裁地点、机构、程序和仲裁裁决效力等作出规定。但是，最终选定哪一个仲裁机构，在中标通知书发出后签订合同前，承包人还有发言的权利，并和发包人共同协商确定。国家法律赋予了仲裁的法律地位，仲裁机关的裁决是终局性的，法律保证其强制执行。由于仲裁往往需要较长的时间和巨额的仲裁费用，如果不是谈判确已陷入僵局并已无法突破的情况下，合同双方应尽量寻求其他途径解决争端。

综上所述，在项目后期通过谈判解决竣工结算的各项问题和争端，对获取项目的经济效益有着十分重要的作用，抓好这个最后环节，使项目善始善终、完善管理，增加收益，无疑是非常必要和有益的。因此，从战略或指导思想上来看，合同双方对存在的分歧和各种争端，都应该立足于通过谈判取得友好解决。从项目一开始，合同双方就要注意树立良好的友好合作的愿望，要明白发包人、监理工程师和承包人之间友好交流和相互理解的必要性以及友好解决各种争端的重要性，不到万不得已尽量不要走上既花钱又费力的诉诸法律和仲裁的道路。因此，在项目实施的全过程中，承包人要自始至终坚持以建设型谈判为主的友好商谈，使谈判始终在亲切、合作和相互信任的气氛中进行，谈判者的行为和态度必须是诚恳、耐心、忍让和顾全面子的，并注意运用一定的谈判策略和技巧。在谈判解决争端时，谈判者尤其要注意充分利用空间和时间来缓和争端的策略和技巧。例如：

(1) 千万不要把注意力集中在争端的某一具体细节上，要善于转移和回旋，否则就容易扩大和激化争端，导致谈判陷入困境。要努力促使和保证争端的问题能够获得全面的探讨，要放大谈判的探讨空间和期望水平空间，通过探讨确认双方的真实分歧和差距，有进有退，合理妥协，讨价还价，逐步缩小差距，确定最终的双方可以接受的期望水平。

(2) 由于争端通常来自双方对合同的不同理解和各自不同的经济利益，要改变对方的观点和立场，往往需要有充分的说理、讨论和转变认识的过程，这就需要给对方一段缓冲和适应的时间。在争论相持不下的情况下，不要急于求成，强加于人，往往可以利用策略休会的方式以缓和双方的紧张气氛，给双方以冷静思考，各自审慎回顾和总结的机会和时间，以便转变认识，调整谈判方案。

另外，要注意运用"哈佛谈判术"的原则和特点，着眼于实际利益而非立场。谈判双方虽有对抗性立场和冲突性利益，但也蕴藏着潜在的共同利益。双方就要以共同利益而不是从对抗性立场出发去商谈，要探讨和寻找选择性方案和建设性方案，达成双方都可以接受的明智的方案。

然而，工程争端的解决毕竟是一项技术性、务实性、法律和政策性都很强的工作，谈判工作必须严格地按照合同条件的有关规定并遵循国际惯例进行，做到以理服人。任何不符合合同条件的观点和强加于人的做法都是不利于谈判的。因此，谈判者必须充分熟悉与争端有关的合同和法律方面的知识，才能真正做到以理服人。

【案例 5-5】 某承包人承包某工程项目，甲乙双方签订的关于工程价款的合同内容有：

(1) 建筑安装工程造价 660 万元，建筑材料及设备费占施工产值的比重为 60%；

(2) 工程预付款为建筑安装工程造价的 20%。工程实施后，工程预付款从未施工工程尚需的主要材料及构件的价值相当于工程预付款数额时起扣，从每次结算工程价款中按材料和设备占施工产值的比重扣抵工程预付款，竣工前全部扣清；

(3) 工程进度款逐月计算；

(4) 工程保修金为建筑安装工程造价的 3%，竣工结算月一次扣留；

(5) 材料和设备价差调整按规定进行(按有关规定上半年材料和设备价差上调 10%，在 6 月份一次调增)。

工程各月实际完成产值见表 5-1。

各月实际完成产值(万元)　　　　　　　　　　表 5-1

月　份	二	三	四	五	六
完成产值	55	110	165	220	110

问：（1）通常工程竣工结算的前提是什么？

（2）工程价款结算的方式有哪几种？

（3）该工程的工程预付款、起扣点为多少？

（4）该工程 2～5 月每月拨付工程款为多少？累计工程款为多少？

（5）6 月份办理工程竣工结算，该工程结算造价为多少？甲方应付工程结算款为多少？

（6）该工程在保修期间发生屋面漏水，甲方多次催促乙方修理，乙方一再拖延，最后甲方另请承包人修理，修理费 1.5 万元，该项费用如何处理？

分析要点：

本案例主要考核工程结算方式，按月结算工程款的计算方法，工程预付款和起扣点的计算等；要求针对本案例对工程结算方式、工程预付款和起扣点的计算、按月结算工程款的计算方法和工程竣工结算等内容进行全面、系统地学习掌握。

解：（1）工程竣工结算的前提条件是承包人按照合同规定的内容全部完成所承包的工程，并符合合同要求，经验收质量合格。

（2）工程价款的结算方式主要分为按月结算、竣工后一次结算、分段结算、目标结算和双方约定的其他结算方式。

（3）工程预付款：$660 \times 20\% = 132$ 万元

起扣点：$660 - 132/60\% = 440$ 万元

（4）各月拨付工程款为：

2 月：工程款 55 万元，累计工程款 55 万元；

3 月：工程款 110 万元，累计工程款 165 万元；

4 月：工程款 165 万元，累计工程款 330 万元；

5 月：工程款 $220 - (220 + 330 - 440) \times 60\% = 154$ 万元，累计工程款 484 万元。

（5）工程结算总造价为：

$$660 + 660 \times 0.6 \times 10\% = 699.6 \text{ 万元}$$

甲方应付工程结算款：

$$699.6 - 484 - (699.6 \times 3\%) - 132 = 62.612 \text{ 万元}$$

（6）1.5 万元维修费应从乙方（承包方）的保修金中扣除。

5.4 合同文本对竣工结算款的有关规定对比

在国际上，各种行业组织颁布有不同的施工合同标准文件，有代表性的包括国际咨询工程师联合会 FIDIC 制定的《土木工程施工合同条件》（简称 FIDIC "新红皮书"），英国土木工程师学会 ICE 制定的《新工程合同条件》和美国建筑师学会 AIA 制定的《工程承包合同通用条款》等。这些施工合同标准文件对工程价款的支付作出了不同的规定，包括工程预付款、工程进度款、保留金及竣工结算等。下面我们列出表格，对我国的《建设工程施工合同(示范文本)》和 FIDIC 合同条件作详细的对比分析，从而更简洁、直观地看出其中的差别(表 5-2、表 5-3)。

关于竣工结算款的对比分析 表 5-2

比较内容	施工合同示范文本	FIDIC 施工合同条件
竣工验收的规定	工程具备竣工验收条件，承包人向发包人提交竣工资料和竣工验收报告；发包人收到后 28 天内组织验收，验收后 14 天内认可或提出修改，承包人按要求修改	全部工程基本完工并通过竣工检验后，承包商发出通知书，并提交在缺陷责任期及时完成剩余工作的书面保证；通知书发出后 21 天内，工程师颁发移交证书
何时提交竣工决算报告	竣工验收报告经发包人认可后 28 天内提交	工程师颁发移交证书后 84 天内，承包商提出竣工表
是否有缺陷责任期	规定了质量保修期	颁发移交证书后进入缺陷责任期，缺陷责任期后 28 天内工程师颁发履约证书
工程师是否开具最终支付证书	发包人收到竣工结算报告后 28 天内核实确认	颁发缺陷责任证书后 56 天内，承包商提交最终报表和结清单，工程师收到后 28 天内发出最终支付证书
业主何时支付结算款	发包人收到竣工结算报告后 28 内，核实后支付结算款	业主收到最终支付证书 56 天内最终付款
承包商何时移交工程	收到结算款后 14 天内	工程移交证书开具后，即可移交工程
业主承担违约责任	收到竣工结算报告后 28 内不支付，第 29 天起支付拖欠款利息	按投标书附件中规定的利率，从应付日起支付全部未付款额的利息
业主不支付结算款时承包商拥有的权利	发包人收到竣工结算报告后 28 天内不支付，承包人可以催告；56 天内仍不支付，承包人可与发包人协议将工程折价，也可以申请法院将工程拍卖，承包人优先受偿	发包人收到最终支付证书 56 天后再超过 28 天不支付，承包人有权追究发包人违约责任

关于保留金的对比分析 表 5-3

比较内容	施工合同示范文本	FIDIC 施工合同条件
是否预扣保留金	专用条款约定	投标书附件中规定
何时退还保留金	没有具体规定，只规定质量保修书，包括质量保修金的支付方法	工程师颁发整个工程移交证书时，退还一半保留金；缺陷责任期满时，再退还另一半保留金

复习思考题

一、简答题

1. 试论述忽视项目竣工后谈判工作可能造成的严重后果。

2. 为什么说争端的解决是项目后期的一项突出任务？

3. 在项目竣工后，需要和哪些部门进行了结业务的会谈？

4. 工程竣工后，由于洪水等不可抗力造成的损坏，保修应由谁负责？某工程由于设计不当，竣工后建筑物出现不均匀沉降，保修应由谁负责？试论述在各种不同的情况下，如何确定保修经济责任？

二、案例分析

1. 某发包人与承包人签订了某建筑安装工程项目总包施工合同。承包范围包括土建工程和水、电、通风建筑设备安装工程，合同总价为4800万元。工期为2年，第1年已完成2600万元，第2年应完成2200万元。承包合同规定：

（1）发包人应向承包人支付当年合同价25%的工程预付款；

（2）工程预付款应从未施工工程尚需的主要材料及构配件价值相当于工程预付款时起扣，每月以抵充工程款的方式陆续收回。主要材料及设备费比重按62.5%考虑；

（3）工程质量保修金为承包合同总价的3%，经双方协商，发包人从每月承包人的工程款中按3%的比例扣留。在保修期满后，保修金及保修金利息扣除已支出费用后的剩余部分退还给承包人；

（4）当承包人每月实际完成的建安工作量少于计划完成建安工作量的10%以上(含10%)时，发包人可按5%的比例扣留工程款，在工程竣工结算时将扣留工程款退还给承包人；

（5）除设计变更和其他不可抗力因素外，合同总价不做调整；

（6）由发包人直接提供的材料和设备应在发生当月的工程款中扣回其费用。

经发包人的工程师代表签认的承包人在第2年各月计划和实际完成的建安工作量以及发包人直接提供的材料、设备价值见下表。

工程结算数据表(万元)

月份	1～6	7	8	9	10	11	12
计划完成建安工作量	1100	200	200	200	190	190	120
实际完成建安工作量	1110	180	210	205	195	180	120
发包人直供材料设备的价值	90.56	35.5	24.4	10.5	21	10.5	5.5

问：（1）工程预付款是多少？

（2）工程预付款从几月份开始起扣？

（3）1～6月以及其他各月工程师代表应签证的工程款是多少？应签发付款凭证金额是多少？

（4）竣工结算时，工程师代表应签发付款凭证金额是多少？

2. 某项工程项目发包人与承包人签订了工程施工承包合同。合同中估算工程量为5300m³，单价为180元/m³。合同工期为6个月。有关付款条款如下：

（1）开工前发包人应向承包人支付估算合同总价20%的工程预付款；

（2）发包人自第一个月起，从承包人的工程款中，按 5％的比例扣留保修金；

（3）当累计实际完成工程量超过（或低于）估算工程量的 10％时，可进行调价，调价系数为 0.9（或 1.1）；

（4）每月签发付款最低金额为 15 万元；

（5）工程预付款从乙方获得累计工程款超过估算合同价的 30％以后的下一个月起，至第 5 个月均匀扣除。

承包人每月实际完成并经签证确认的工程量见下表。

每月实际完成工程量

月份	1	2	3	4	5	6
完成工程量（m³）	800	1000	1200	1200	1200	500
累计完成工程量（m³）	800	1800	3000	4200	5400	5900

问：（1）估算合同总价为多少？

（2）工程预付款为多少？工程预付款从哪个月起扣留？每月应扣工程预付款为多少？

（3）每月工程量价款为多少？应签证的工程款为多少？应签发的付款凭证金额为多少？

3. 某承包人于某年承包某外资工程项目施工。与发包人签订的承包合同的部分内容有：

（1）工程合同价 2000 万元，工程价款采用调值公式动态结算。该工程的人工费占工程价款的 35％，材料费占 50％，不调值费用占 15％。具体的调值公式为：

$$P = P_0(0.15 + 0.35A/A_0 + 0.23B/B_0 + 0.12C/C_0 + 0.08D/D_0 + 0.07E/E_0)$$

式中　A_0、B_0、C_0、D_0、E_0——基期价格指数；

　　　　A、B、C、D、E——工程结算日期的价格指数。

（2）开工前发包人向承包人支付合同价 20％的工程预付款，当工程进度款达到合同价的 60％时，开始从超过部分的工程结算款中按 60％抵扣工程预付款，竣工前全部扣清。

（3）工程进度款逐月结算，每月月中预支半月工程款。

（4）发包人自第一个月起，从承包人的工程价款中按 5％的比例扣留保修金。工程保修期为一年。

该合同的原始报价日期为当年 3 月 1 日。结算各月份的工资、材料价格指数见下表。

工资、材料价格指数表

代号	A_0	B_0	C_0	D_0	E_0
3 月指数	100	153.4	154.4	160.3	144.4

工资、材料价格指数表

代号	A	B	C	D	E
5 月指数	110	156.2	154.4	162.2	160.2
6 月指数	108	158.2	156.2	162.2	162.2
7 月指数	108	158.4	158.4	162.2	164.2
8 月指数	110	160.2	158.4	164.2	162.4
9 月指数	110	160.2	160.2	164.2	162.8

未调值前各月完成的工程情况为：

5 月份完成工程 200 万元，其中发包人供料部分材料费为 5 万元。

6 月份完成工程 300 万元。

7 月份完成工程 400 万元，另外由于发包人方设计变更，导致工程局部返工，造成拆除材料费损失 1500 元，人工费损失 1000 元，重新施工人工、材料等费用合计 1.5 万元。

8 月份完成工程 600 万元，另外由于施工中采用的模板形式与定额不同，造成模板增加费用 3000 元。

9 月份完成工程 500 万元，另有批准的工程索赔款 1 万元。

问：（1）工程预付款是多少？

（2）确定每月终发包人应支付的工程款。

（3）工程在竣工半年后，发生屋面漏水，发包人应如何处理此事？

参 考 文 献

［1］ 杨晓林. 建筑工程索赔与案例分析. 哈尔滨：黑龙江科学技术出版社，2003.

［2］ 陈松. 建设工程索赔. 重庆：重庆大学出版社，1995.

［3］ 潘文. 国际工程谈判. 北京：中国建筑工业出版社，1999.

［4］ 全国造价工程师执业资格考试培训教材编审委员会. 工程造价计价与控制. 北京：中国计划出版社，2009.

［5］ 唐秀莲. 国际商务谈判. 北京：清华大学出版社，2003.

［6］ GB 50500—2008 建设工程工程量清单计价规范.

［7］ 标准文件编制组. 中华人民共和国标准施工招标文件 2007 年版. 北京：中国计划出版社，2008.